Julius Nguku
Nathan Gichuki
Patrick Malonza

Distribuição e diversidade da herpetofauna no baixo rio Tana, Quénia

Julius Nguku
Nathan Gichuki
Patrick Malonza

Distribuição e diversidade da herpetofauna no baixo rio Tana, Quénia

ScienciaScripts

Imprint

Any brand names and product names mentioned in this book are subject to trademark, brand or patent protection and are trademarks or registered trademarks of their respective holders. The use of brand names, product names, common names, trade names, product descriptions etc. even without a particular marking in this work is in no way to be construed to mean that such names may be regarded as unrestricted in respect of trademark and brand protection legislation and could thus be used by anyone.

Cover image: www.ingimage.com

This book is a translation from the original published under ISBN 978-3-330-32274-5.

Publisher:
Sciencia Scripts
is a trademark of
Dodo Books Indian Ocean Ltd. and OmniScriptum S.R.L publishing group

120 High Road, East Finchley, London, N2 9ED, United Kingdom
Str. Armeneasca 28/1, office 1, Chisinau MD-2012, Republic of Moldova, Europe
Printed at: see last page
ISBN: 978-620-7-41211-2

ÍNDICE

AGRADECIMENTOS

Esta tese foi possível graças ao apoio infalível de vários indivíduos e instituições cuja ajuda tenho o prazer de reconhecer. Agradeço profundamente ao Dr. N. N. Gichuki e ao Dr. S. Kiboi pela sua supervisão, correcções e encorajamento contínuo que me deram neste trabalho. Os meus agradecimentos especiais vão para Patrick Malonza, Beryl Bwong e Dr. Charles Lange que me ajudaram desde o desenvolvimento da proposta até ao trabalho de campo, identificação e leitura. Os meus agradecimentos vão também para Jacob Mueti e Joash Nyamache pela sua assistência no terreno, sem esquecer outros membros das secções de herpetologia e ictiologia dos Museus Nacionais do Quénia, pelo seu apoio moral e companhia. Os meus amigos e colegas de turma partilharam sempre as suas ideias construtivas e encorajaram-me. A minha sincera gratidão à minha mãe, esposa e filhos pelos longos períodos de tempo que tiveram de passar sem a minha companhia, e os períodos de stress que tiveram de suportar não foram em vão. A vossa compreensão e encorajamento deram-me reservas de energia que nunca pensei que existissem em mim. Gostaria também de agradecer aos Museus Nacionais do Quénia, através do Comité de Recursos Humanos e Formação, por terem aprovado a minha licença de estudo e me terem permitido utilizar materiais de referência e colecções da instituição. O Serviço de Vida Selvagem do Quénia e o Departamento Florestal do Quénia (Witu), através dos seus funcionários, concederam-me autorização de investigação, segurança e entrada nas suas áreas protegidas. As comunidades ao longo das florestas do baixo rio Tana prestaram uma assistência valiosa durante a investigação. Finalmente, agradeço ao Fundo de Parceria e Ecossistemas Críticos (CEPF), através da Nature Kenya (o parceiro da Birdlife no Quénia), por me ter concedido os fundos que tornaram o projeto possível.

LISTA DE ACRÓNIMOS

TARDA	Tana and Athi Rivers Development Authority
IUCN	International Union for Conservation of Nature
GAA	Global Amphibian Assessment
KWS	Kenya Wildlife Service
KFS	Kenya Forest
NMK	National Museums of Kenya
TRPNR	Tana River Primate National Reserve
Herpetofauna	Amphibians and Reptiles

RESUMO

Foi realizado um estudo sobre a herpetofauna das florestas do baixo rio Tana entre setembro de 2007 e maio de 2008, para determinar a estrutura da comunidade e as ameaças das manchas florestais protegidas e não protegidas, com vista a melhorar a conservação e gestão do habitat. Para o levantamento da herpetofauna, foram utilizados métodos padronizados (uma busca limitada no tempo, armadilhas com cercas de deriva e transectos noturnos), bem como um levantamento oportunista não padronizado de encontros visuais. Foi também utilizado um questionário para avaliar o significado cultural e as ameaças à herpetofauna. A riqueza de espécies (S) e o índice de diversidade de Shannon-Wiener (H^1) foram utilizados para comparações entre fragmentos florestais. O teste **t de uma amostra** foi utilizado para testar as diferenças nos valores médios das características do habitat nos sítios de cada floresta. A ANOVA de uma via foi utilizada para determinar diferenças significativas na média das características do habitat e na riqueza, abundância e diversidade de espécies de herpetofauna entre as três florestas. A análise de regressão foi utilizada para avaliar a relação entre as características do habitat e a riqueza, abundância e diversidade das espécies de herpetofauna. Foi registado um total de 56 espécies, das quais 7 espécies de anfíbios e 17 de répteis foram registadas pela primeira vez nesta região. As características do habitat (tamanho, teor de folhagem, percentagem de cobertura de copa, teor de humidade do solo, pH do solo, densidade de árvores, temperatura ambiente, percentagem de cobertura vegetal e perturbação da floresta) diferiram significativamente $(p < 0,05)$ dentro dos locais, exceto para a percentagem de cobertura de copa em Mchelelo West e Shakababo, densidade de árvores e perturbação da floresta em Mchelelo west e Mambo Sasa $(p > 0,05)$. No entanto, as características do habitat não diferiram significativamente $(p > 0,05)$ entre as três florestas, exceto o teor de humidade do solo $(p < 0,05)$.

Do mesmo modo, a riqueza, abundância e diversidade das espécies de herpetofauna não diferiram significativamente $(p > 0,05)$ entre as três florestas e no interior das mesmas, exceto no que se refere à abundância e riqueza das espécies de anfíbios $(p > 0,05)$. Não se registou uma relação significativa entre as características do habitat e a riqueza, abundância e diversidade das espécies de herpetofauna

($p > 0,05$). Contudo, registou-se uma relação significativa entre a dimensão da floresta e a diversidade de espécies ($p < 0,05$). O estudo confirmou que as florestas do baixo rio Tana inquiridas suportavam uma herpetofauna moderadamente rica, caraterística das florestas costeiras. Recomenda-se a necessidade de mais trabalhos herpetológicos, especialmente sobre a estrutura da comunidade, o comportamento e os processos ecológicos que os afectam nos habitats florestais ribeirinhos.

Palavras-chave: Riqueza, abundância e diversidade de espécies, herpetofauna e florestas do baixo rio Tana.

CAPÍTULO 1: INTRODUÇÃO E REVISÃO DA LITERATURA

1.1.0 Introdução

As florestas e as zonas húmidas foram identificadas como os habitats mais ameaçados, apesar da sua importância para a fauna e flora endémicas ou quase endémicas. No conjunto da África Oriental, apenas uma parte relativamente pequena da superfície terrestre total está coberta por floresta natural fechada (Channing e Howell, 2006).

No Quénia, cerca de 2,6% da superfície terrestre total está coberta por florestas, o que representa aproximadamente 15% das terras agrícolas de elevado potencial (Bennun e Njoroge, 1999). Uma parte de 1,6 milhões de hectares de terras classificadas como reservas florestais, 1,06 milhões de hectares de florestas autóctones de dossel fechado e 0,16 milhões de hectares de plantações exóticas, outros 0,18 milhões de hectares de coberto florestal autóctone encontram-se fora das áreas classificadas (Wass, 1995). Embora mais de 90% do coberto florestal do Quénia tenha sido classificado em algum tipo de zona protegida, a proteção é, na maioria dos casos, inadequada. A taxa média anual de destruição do coberto florestal parece ser de cerca de 1%, sendo as taxas mais elevadas registadas nas florestas situadas em terras de elevado potencial ou na sua proximidade (Bennun e Njoroge, 1999).

As florestas costeiras da Tanzânia e do Quénia foram reconhecidas como tendo fortes afinidades com as das Montanhas do Arco Oriental, incluindo uma elevada diversidade de espécies e endemismo, e a sua importância foi enfatizada pelo seu reconhecimento como Hotspot de Biodiversidade Global do Arco Oriental/Florestas Costeiras (Channing e Howell, 2006). Os habitats florestais do baixo rio Tana fazem parte das Florestas Costeiras da África Oriental (Myers, 2000).

São florestas fragmentadas que suportam uma biodiversidade elevada e endémica e estão classificadas como áreas-chave de biodiversidade na região costeira da África Oriental. As florestas situam-se numa zona de transição entre a fauna típica do leste e do sudeste, com estreita afinidade com as espécies do bioma costeiro (Malonza *et. al.,* 2006).

Apesar da sua importância em termos de biodiversidade, tal como muitas outras florestas costeiras da

África Oriental, as florestas do baixo rio Tana estão ameaçadas pela população humana em constante expansão, que exerce ameaças como a expansão da agricultura, a queima de carvão vegetal e a extração de lenha, os incêndios descontrolados, a exploração madeireira insustentável, a colonização humana e as práticas mineiras destrutivas (Bennun e Njoroge, 1999). Recentemente, a Tana and Athi Rivers Development Authority (TARDA) iniciou um grande projeto de irrigação do arroz no delta do Tana e 4000 ha da planície aluvial foram convertidos para a produção de arroz perto de Garsen (Robertson e Luke 1993). Além disso, o governo aprovou o desbravamento de 4000 ha de terra para o cultivo de cana-de-açúcar.

Foi reconhecido que, a nível mundial, algumas populações de anfíbios estão em declínio e, de acordo com a Avaliação Global de Anfíbios da IUCN (GAA), 32% das 5743 espécies de anfíbios do mundo estão ameaçadas de extinção (Channing e Howell, 2006; Stuart *et. al.,* 2004). Apenas algumas populações de anfíbios da África Oriental foram monitorizadas, pelo que é difícil dizer se as populações da região estão geralmente estáveis ou em declínio (Channing e Howell, 2006).

Embora os anfíbios e os répteis sejam relativamente pequenos e secretos e não sejam muito vulneráveis à perda e exploração do habitat, as espécies mais vulneráveis da África Oriental são as endémicas, especialmente as que têm uma distribuição limitada. Muitas vivem em habitats minúsculos, muitas vezes florestais, e com o aumento da população humana, estas florestas são vulneráveis devido à riqueza dos seus recursos (Spawls *et. al.,* 2002). De um modo geral, os aspectos ecológicos e de conservação da herpetofauna queniana relacionados com a conservação ainda não foram estudados e, em especial, os aspectos históricos (Wasonga *et. al,* 2006).

Apesar da importância da conservação da biodiversidade do ecossistema do baixo rio Tana, a herpetofauna destas florestas continua a ser pouco conhecida, embora os estudos herpetológicos na região, que se limitaram principalmente a descrições taxonómicas, tenham começado na era colonial britânica (Malonza *et. al.,* 2006). A região do delta do rio Tana, a planície de inundação a sul da reserva de Garsen, é a única secção da bacia hidrográfica que recebeu alguma atenção dos primeiros coleccionadores herpetológicos *(por exemplo,* Loveridge, 1936a, b, 1957).

(2006) fornece uma visão geral actualizada das espécies de herpetofauna atualmente conhecidas, embora focada principalmente nas florestas cobertas pela Reserva Nacional de Primatas do Rio Tana (TRPNR). Em geral, a informação de base sobre a zoogeografia e a ecologia da herpetofauna local das florestas do baixo rio Tana, especialmente as que se encontram fora da TRPNR, continua a ser fragmentada e escassa.

No presente estudo, foi efectuado um levantamento ecológico da diversidade, abundância e distribuição da herpetofauna em relação às características do micro-habitat. Este estudo vai um passo além para avaliar o significado cultural, a perceção da herpetofauna e as ameaças na área de estudo. Além do levantamento geral da herpetofauna em oito fragmentos florestais, foi feita uma comparação da diversidade e abundância da herpetofauna em três fragmentos florestais seleccionados, que constituíam dois fragmentos florestais protegidos e um não protegido. Foi também avaliada uma série de factores que se esperava terem influência na diversidade e abundância da herpetofauna. Esses factores incluíram: Teor de folhiço, densidade de árvores, cobertura do dossel, cobertura vegetal, humidade do solo, temperatura, pH do solo, tamanho e isolamento da floresta e nível de perturbação.

1.2.0 Revisão da literatura

1.2.1 Anfíbios

Os anfíbios e os répteis são dois clados distintos de vertebrados que surgiram no seio dos Tetrapoda, um clado de peixes ósseos que apareceu pela primeira vez na Era Paleozóica. Os tetrápodes são os peixes que deram o primeiro "passo" da barbatana para o membro - da água para a terra - e um dos seus primeiros grupos divergentes foram os anfíbios. Os anfíbios exploraram com sucesso os ambientes húmidos (e mesmo áridos) na maior parte das regiões do mundo, mantendo-se estreitamente ligados à água ou a microhabitats húmidos para a sua propagação. A maioria dos anfíbios sofre de dessecação rápida em ambientes secos, mas algumas espécies desenvolveram adaptações para a existência em habitats secos (Zug *et. al,* 2001).

Os anfíbios vivos consistem em três clados: cecílias, salamandras e rãs. As cecílias assemelham-se superficialmente a minhocas e são formalmente rotuladas com o nome Gymnophiona (cobra nua), baseado no nó, e Apoda (sem pé), baseado no caule. Todas as cecílias existentes não têm membros, são fortemente anuladas e têm cabeças e caudas em forma de bala. Esta morfologia reflecte o estilo de vida escavador destes anfíbios tropicais. Existem apenas 160 espécies, atualmente divididas em seis famílias. A maioria das cecílias é fossorial, vivendo em solos húmidos frequentemente adjacentes a ribeiros, lagos e pântanos; algumas espécies são aquáticas.

As salamandras, rotuladas com o nome Caudata (com cauda) e Urodela (com cauda visível), têm corpos cilíndricos, caudas longas, cabeças e pescoços distintos e membros bem desenvolvidos ou até perderam os membros posteriores. As salamandras estão representadas por muitos tipos ecológicos, incluindo taxa totalmente aquáticos, espécies terrestres e de crescimento lento e espécies arbóreas que vivem em epífitas no dossel da floresta.

As rãs, designadas pelo nome Anura (sem cauda) e pelo nome Salientia (saltadora), são como os outros vertebrados, com corpos robustos e sem cauda, com cabeça e corpo contínuos e membros bem desenvolvidos. Nem todas as rãs saltam ou mesmo saltitam; alguns taxa são totalmente aquáticos e utilizam o coice síncrono dos membros posteriores para propulsão, enquanto outras espécies, incluindo formas terrestres e arbóreas, caminham (Zug *et. al.,* 2001). Entre os anfíbios, as rãs são os mais especiosos e apresentam a maior diversidade morfológica, fisiológica e ecológica e a mais ampla ocorrência geográfica (Zug *et. al.,* 2001).

1.2.2 Répteis

No Carbonífero, surgiu outro grupo divergente de tetrápodes, os antracossauros, que desenvolveram modificações para se propagarem na terra na ausência de água e, talvez por coincidência, desenvolveram uma barreira cutânea eficaz para reduzir a perda rápida e excessiva de água. Atualmente, este grupo é representado pelos répteis (incluindo as aves) e pelos mamíferos. Os répteis vivos são constituídos por três clados: tartarugas, arcossauros e lepidosauros. As tartarugas, designadas pelo nome nodal de Testudines (tartarugas/tartarugas/terrapinas), tal como as rãs, não podem ser confundidas com qualquer outro animal. O corpo está envolvido por uma carapaça óssea superior e inferior. Em algumas espécies, as duas porções da carapaça podem fechar-se, encaixando-se firmemente e protegendo completamente os membros e a cabeça (Zug *et. al.*, 2001).

Os arquossauros vivos incluem os crocodilianos e as aves, intimamente relacionados. Embora a origem arquiossauro das aves tenha sido reconhecida há muito tempo, só recentemente os biólogos insistiram numa classificação que descrevesse com exatidão as relações evolutivas, promovendo assim as aves como répteis "glorificados". Os crocodilianos, designados pelo nome nodal Crocodylia (lagarto), são blindados por placas epidérmicas espessas, revestidas dorsalmente por osso. A cabeça, o corpo e a cauda alongados são menores do que os membros curtos e fortes. Os crocodilianos são um pequeno grupo de répteis predadores, semi-aquáticos, que nadam com fortes golpes adulatórios de uma cauda poderosa. Os membros também permitem a mobilidade em terra, embora as actividades terrestres se limitem geralmente a aquecer-se e a nidificar (Zug *et. al*, 2001).

Os lepidosauros incluem as tuataras, as cobras e os lagartos. As duas espécies de tuataras, designadas pelo nome Sphenodontida (dente em cunha) e pelo nome Rhynchocephalia (nariz ou cabeça do focinho), são semelhantes a lagartos, mas representam uma divergência precoce no clado dos lepidosáurios; atualmente, ocorrem apenas em ilhotas ao largo da costa da Nova Zelândia. O nome Squamata (escamas), baseado no nó, inclui os lagartos, as cobras e os anfisbenas. Estes grupos são os mais diversos e especiosos dos répteis vivos, ocupando habitats que vão desde os oceanos tropicais até aos cumes das montanhas temperadas (Zug *et. al.*, 2001).

1.2.3 A importância da herpetofauna no ecossistema

Os anfíbios são uma componente importante, mas frequentemente negligenciada, da maioria dos ecossistemas aquáticos terrestres e de água doce. As rãs adultas são importantes predadores de invertebrados; alimentam-se de insectos, como os mosquitos, bem como de insectos que podem alimentar-se de culturas (Channing e Howell, 2006). Além disso, os anfíbios são também importantes alimentos para outros animais, incluindo outros anfíbios em todas as fases do seu ciclo de vida. Os anfíbios podem também servir como indicadores biológicos sensíveis da deterioração ambiental, uma vez que a sua pele altamente permeável absorve rapidamente substâncias tóxicas do ar, da água e do solo (Pough *et. al*, 1998).

Para além da sua utilização pelo homem como alimento e vestuário, os répteis consomem insectos e ajudam a manter a população de roedores sob controlo. Por sua vez, os roedores são predados por anfíbios, aves, mamíferos e até pela sua própria espécie, fazendo assim parte da complexa teia da vida, a intrincada cadeia alimentar da qual até o homem é, em última análise, parte integrante (Patterson, 1987).

1.2.4 Impacto humano e natural nas comunidades de herpetofauna

A partir da década de 1980, os herpetólogos começaram a registar o desaparecimento de rãs de localidades onde tinham sido abundantes apenas alguns anos antes. Numa reunião internacional realizada nos EUA em 1989, numerosos cientistas apresentaram provas irrefutáveis de que muitas populações e algumas espécies de anfíbios em todo o mundo tinham desaparecido ou estavam em declínio acentuado (Zug *et. al*, 2001).

A maior ameaça para os anfíbios e répteis é a modificação e destruição dos seus habitats (Patterson, 1987 e Pough *et al.*, 1998). Muitos habitats estão a diminuir ou a desaparecer a um ritmo acelerado devido às pressões do crescimento da população humana e do desenvolvimento económico (Pough *et al.*, 1998). As actividades humanas resultaram em efeitos climáticos, que vão desde as alterações climáticas globais até à perda local de um pântano num pedaço de floresta, o que, por sua vez, afecta a herpetofauna em todas as áreas, especialmente nas zonas costeiras e baixas (Zug *et. al.*, 2001). O efeito direto da perda de habitat sobre as espécies ou comunidades de herpetofauna é óbvio: desaparecem dessa área e as consequências, a redução da abundância e da diversidade, estendem-se para além dos limites do habitat perdido (Gibbs, 1998).

O abate seletivo ou a remoção total de todas as árvores e a destruição associada da vegetação do sub-bosque, bem como a perturbação generalizada da cobertura vegetal, expõem o solo à luz solar direta. A partir daí, o solo atinge temperaturas significativamente mais elevadas, sofre maiores flutuações de temperatura e torna-se mais seco; estas alterações microclimáticas são letais para os anfíbios (Zug *et. al.*, 2001). Na maioria dos casos, as espécies cultivadas são exóticas e, de um modo geral, foram criadas zonas agrícolas, tanto em grande como em pequena escala, em detrimento de habitats naturais mais adequados à herpetofauna (Bennun e Njoroge, 1995).

A construção de barragens hidroeléctricas, hotéis, alojamentos, estradas e minas pode criar condições prejudiciais para os anfíbios, muitos dos quais efectuam movimentos sazonais de e para os locais de reprodução, resultando em padrões de movimento incompletos, que são necessários para uma reprodução e dispersão bem sucedidas, quando o seu percurso é bloqueado ou alterado (Channing e Howell, 2006).

Os anfíbios e os répteis são amplamente explorados, em grande parte para consumo (alimentos e medicamentos tradicionais), comércio de luxo (couros, jóias e curiosidades) e comércio de animais de estimação (Zug *et. al*, 2001). Muitas pessoas comem anfíbios e répteis porque estes estão facilmente disponíveis e constituem uma boa fonte de proteínas. Infelizmente, a comercialização moderna de anfíbios e répteis para o mercado mundial de alimentos de luxo e para o comércio de animais de estimação é geralmente efectuada sem ter em conta a dinâmica das populações locais. Este facto conduziu frequentemente ao esgotamento das populações selvagens (Pough *et. al.*, 1998). Nos últimos anos, desenvolveu-se um comércio mundial de anfíbios e, na África Oriental, milhares de indivíduos de algumas espécies foram enviados para o estrangeiro (Channing e Howell, 2006).

A poluição ambiental (especialmente produtos químicos agrícolas) é uma causa possível para o declínio de alguns anfíbios (Pough *et. al.*, 1998). Alguns agroquímicos (e.g. .....) actuam como hormonas que interferem com a reprodução dos anfíbios, perturbando o desenvolvimento normal dos seus órgãos reprodutores. Se a sua utilização não for objeto de um controlo rigoroso, a sua entrada no ecossistema natural pode ter efeitos negativos nos anfíbios, especialmente nos sistemas aquáticos (Channing e Howell, 2006).

As perturbações naturais, como inundações, deslizamentos de terras e incêndios, ocorrem regularmente em todos os ecossistemas e podem promover a ocorrência regular de perturbações em zonas com elevada diversidade de espécies e comunidades (Zug *et. al.*, 2001). As doenças são também um fenómeno natural e nenhuma planta ou animal pode estar livre delas. No entanto, tornam-se uma preocupação para os conservacionistas quando resultam em mortes súbitas de populações ou quando a sua frequência de ocorrência aumenta (Crawshaw, 1997). O fungo quitrídio foi recentemente identificado como uma nova ameaça para os anfíbios em África e acredita-se que seja também responsável pelo desaparecimento de populações de rãs noutras partes do mundo (Channing e Howell, 2006).

1.2.5 Enunciado do problema e justificação do estudo

Como é reconhecido globalmente, algumas populações de anfíbios estão em declínio e algumas espécies estão ameaçadas de extinção (Stuart *et. al.*, 2004). Este fenómeno tem motivado muitos estudos que procuram avaliar a diversidade de anfíbios ao nível das espécies e acompanhar as alterações no número de espécies ao longo do tempo (Sutherland, 2006). Apenas algumas populações de anfíbios da África Oriental foram monitorizadas. Por conseguinte, é difícil dizer se as populações da região estão geralmente estáveis ou em declínio (Channing e Howell, 2006).

Segundo Spawls *et. al.* (2002), a maioria dos répteis não está sob pressão, mas os répteis mais vulneráveis da África Oriental são as espécies endémicas. E porque muitos vivem em habitats pequenos, especialmente em florestas fragmentadas, a pressão sobre esses habitats está a acelerar a taxa de extinção.

As florestas do baixo rio Tana são habitats fragmentados, mas suportam uma biodiversidade elevada e endémica, que se situa numa zona de transição entre a fauna típica do leste e do sudeste, com estreita afinidade com outras espécies do bioma costeiro. Tal como muitas outras florestas costeiras da África Oriental, as florestas e zonas húmidas do baixo rio Tana estão ameaçadas pela população humana em constante expansão. Por conseguinte, deve ser dada muita atenção a estes fragmentos florestais, uma vez que contêm uma enorme diversidade de herpetofauna. A herpetofauna destas florestas continua a ser pouco conhecida, embora os estudos herpetológicos na região tenham começado na era colonial britânica. Estes estudos iniciais limitaram-se principalmente a descrições taxonómicas *(por exemplo,* Loveridge, 1936a, b, 1957). O delta do rio Tana e a planície de inundação a sul do TRPNR é a única secção da bacia hidrográfica que recebeu alguma atenção dos primeiros colectores herpetológicos (Malonza *et. al.,* (2006).

Algumas das espécies presentes nestes habitats florestais são provavelmente raras e/ou restritas a determinados micro-habitats. Os estudos anteriores serviram apenas para abrir os olhos para o que pode ser encontrado através de uma avaliação rápida. Para colmatar estas lacunas de conhecimento, o estudo da diversidade, abundância, distribuição e micro-habitats da herpetofauna é, portanto, fundamental para uma melhor compreensão da estrutura da comunidade e dos processos ecológicos que a afectam nos habitats florestais ribeirinhos. Esta informação científica seria útil para a gestão das florestas e zonas húmidas do baixo rio Tana.

1.3.0 Objectivos

1.3.1 Objetivo principal

Determinar a estrutura da comunidade e as ameaças à herpetofauna da bacia do Baixo Tana com vista a melhorar a conservação e gestão do habitat.

1.3.2 Objectivos específicos

i) Determinar diversas variáveis de habitat nos fragmentos florestais do baixo rio Tana

ii) Determinar a diversidade, abundância e distribuição da herpetofauna nos fragmentos florestais do baixo rio Tana.

iii) Determinar a estrutura da comunidade da herpetofauna nos habitats florestais protegidos e não protegidos.

iv) Determinar o significado cultural e as ameaças à herpetofauna.

1.3.3 Questões de investigação

- Que variáveis do habitat influenciam a estrutura da comunidade da herpetofauna em fragmentos florestais do baixo rio Tana?

- Que espécies de herpetofauna aí se encontram, quantas e quais os seus habitats?

- Existe alguma diferença na estrutura da comunidade da herpetofauna entre os fragmentos florestais protegidos e não protegidos?

- Quais são as percepções culturais da população local relativamente à herpetofauna e às suas ameaças nas florestas do baixo rio Tana?

1.3.4Hipótese geral

Duas hipóteses foram estabelecidas para este estudo. Em primeiro lugar, é provável que haja mudanças significativas na diversidade e abundância de espécies de herpetofauna nos fragmentos florestais protegidos e não protegidos. Em segundo lugar, que é provável que haja um efeito significativo na diversidade e abundância de espécies de herpetofauna por factores de habitat.

CAPÍTULO 2: ÁREA DE ESTUDO

2.1 Localização

A área de estudo situa-se nos distritos de Tana River e Lamu, na província da Costa. Existem cerca de setenta e um fragmentos florestais distintos, com tamanhos que variam de um a 1.100 ha e que cobrem cerca de 3.700 ha no total (Butynski & Mwangi 1995). Dos setenta e um fragmentos, dezasseis (cobrindo 1.000 ha) estão dentro dos 17.000 ha da TRPNR (que se estende por cerca de 36 km ao longo do curso atual do rio): catorze parcelas florestais são geridas pelo Projeto de Irrigação do Delta do Tana, e as restantes são terras do Fundo (Seal *et. al.,* 1991). Os fragmentos florestais seleccionados para estudo localizavam-se entre o TRPNR e Kipini no Delta do Rio Tana, entre 01° 52' 04.7" S, 040° 08' 15.7" E e 02° 31' 30.2" S, 040° 31' 26.3" E.

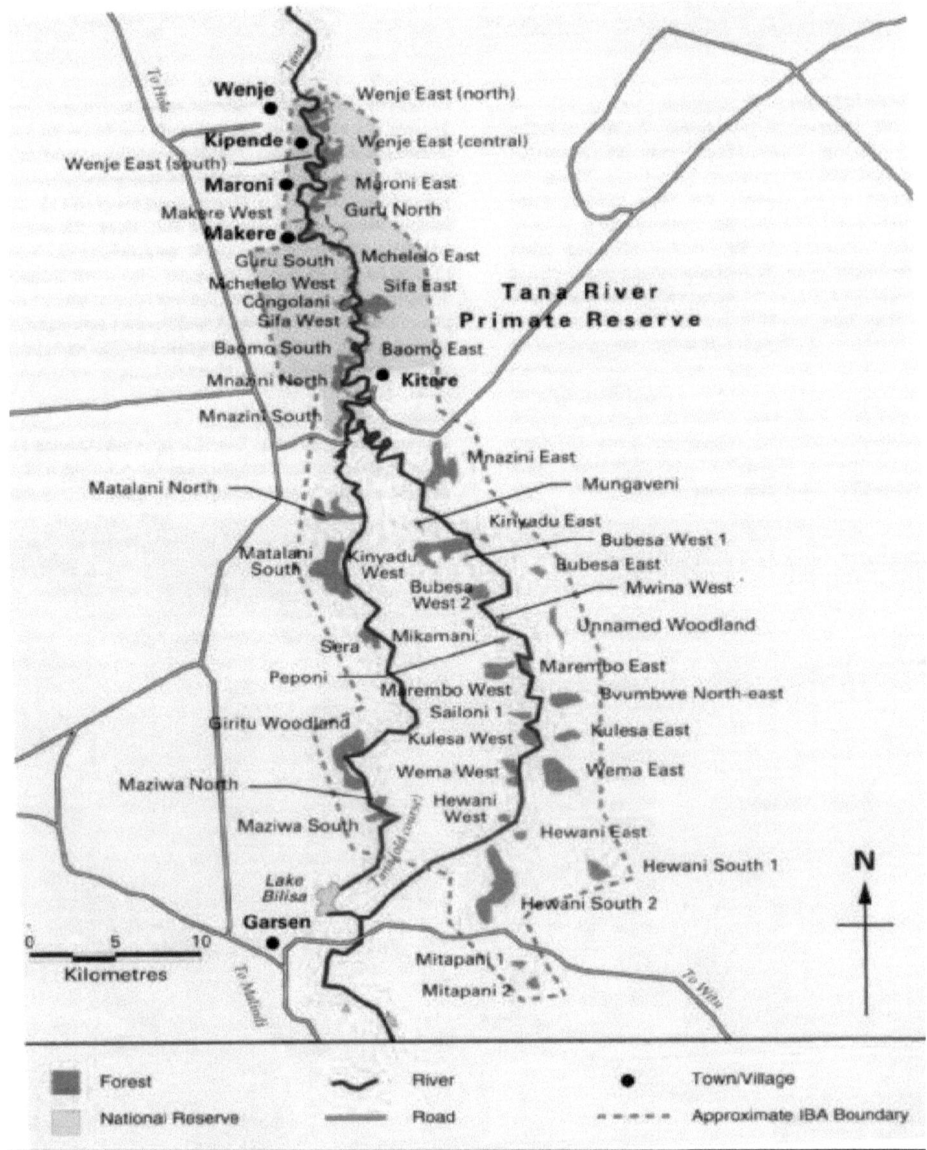

Figura 2.1: Mapa das Florestas do Baixo Rio Tana dentro da TRPNR (Adotado de Bennun e Njoronge (1999). O mapa do Quénia mostra a localização da área de estudo

Legenda:

1. Guru Norte
2. Guru Sul
3. Mchelelo Oeste
4. Congolani
5. HewaniEast

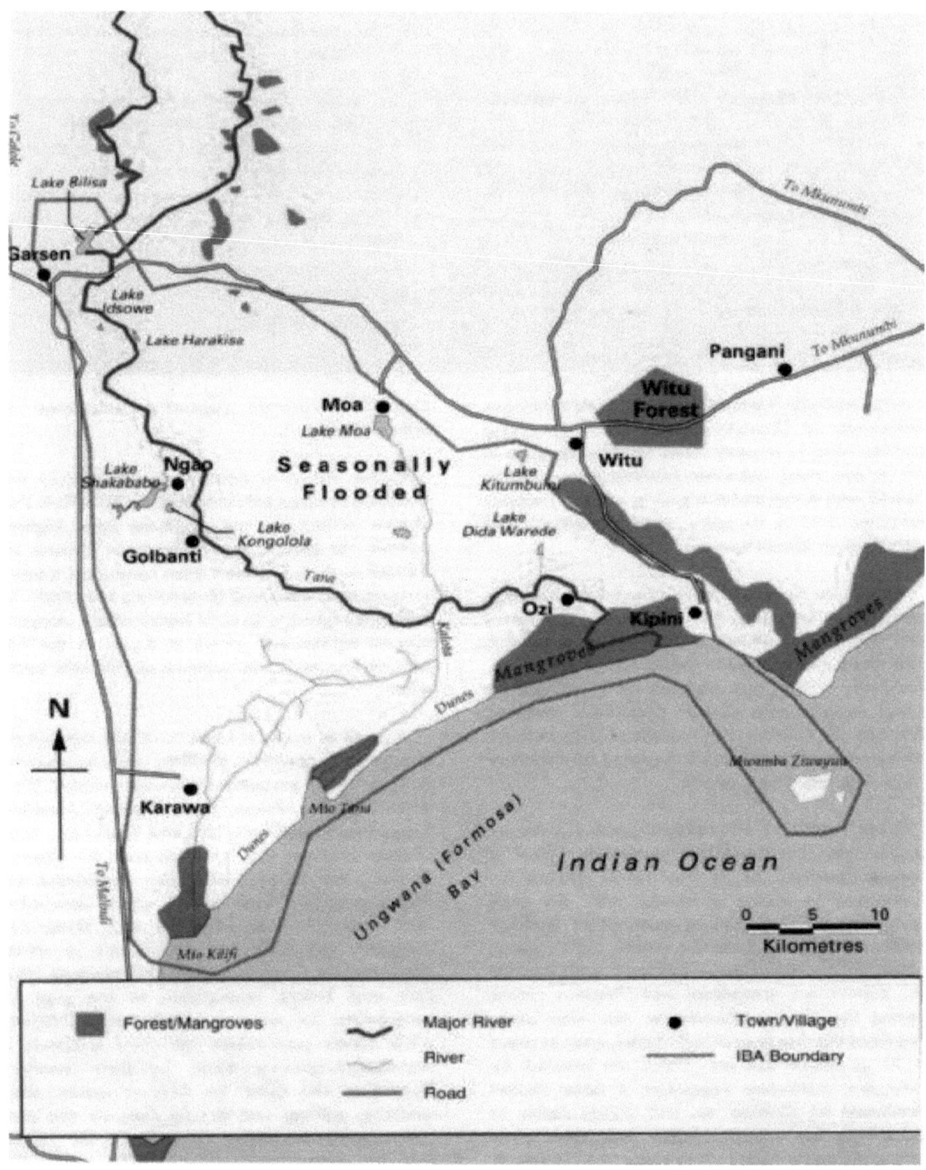

Figura 2.2: Mapa das florestas do baixo rio Tana fora da TRPNR (Adotado de Bennum e Njoroge, 1999). Figura: Mapa do Quénia mostrando a localização da área.

Legenda:

6. Shakababo

7. Mambo Sasa

8. Kipini

2.2 Topografia e solos

A geologia e os tipos de solo da área foram descritos como sedimentos de rocha terciária e quaternária.

Ao longo dos últimos 65 km do seu curso, o rio Tana tem uma planície de inundação imediata de 1-6 km de largura que é coberta por sedimentos aluviais depositados durante as cheias. Na planície de inundação ocorrem os fragmentos de floresta húmida de planície até ao delta. Estes são um dos hotspots globais de biodiversidade e encontram-se em diferentes fases de sucessão que dependem do abastecimento de água subterrânea pelo rio e pelas terras altas circundantes (Bennum & Njoroge, 1999).

2.3 Clima

A área insere-se numa zona climática intermédia entre o bioma costeiro húmido e o interior semi-árido. Ao deslocar-se para o interior a partir do delta do rio Tana, a precipitação diminui de cerca de 1000 mm por ano para menos de 600 mm. As inundações ocorrem não em resultado da precipitação local, mas devido à chuva nas bacias hidrográficas do rio no Monte Quénia e nas Montanhas Aberdare. Normalmente, as grandes inundações ocorrem em abril-maio, com uma inundação mais pequena e de curta duração em outubro-novembro. O momento, a extensão e a duração das cheias variam de ano para ano (Bennum e Njoroge, 1999).

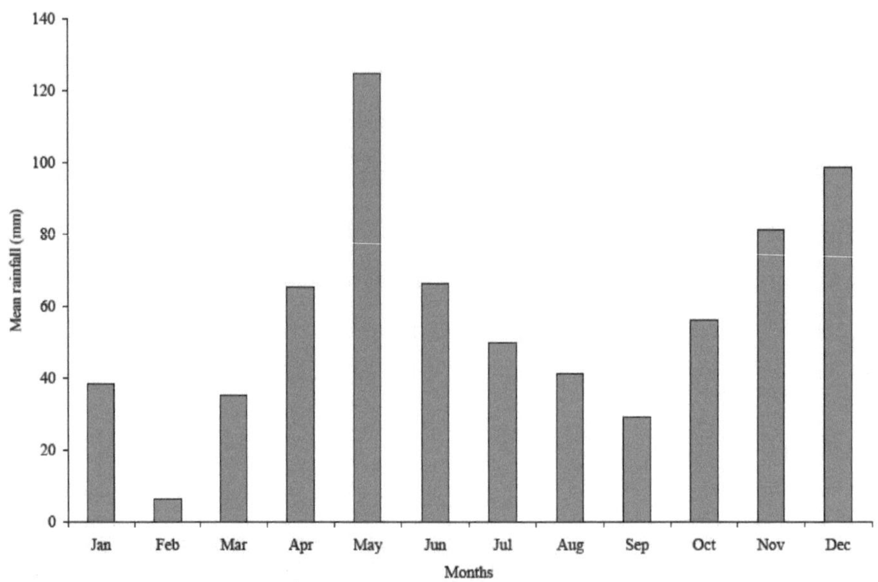

Figura 2.3: Tendência da precipitação média na estação de Garsen, durante um período de dez anos (1998-2008), (fonte: Tana River Development Authority).

2.4 Flora

A área tem uma vegetação heterogénea com habitats que variam entre prados abertos, matos secos, bosques de folha caduca e florestas de folha caduca de planície (Butsynki e Mwangi, 1995). As árvores características incluem *Ficus spp, Phoenix reclinata, Acacia robusta, Populus ilicifolia, Blighia unijuguta, sorindeia madagascariensis, Diospyros mespiliformis* e *Minusops obtusifolia* (Robertonson e Luke 1993).

2.5 **Fauna**

A fauna das florestas do baixo rio Tana tem ligações antigas com as florestas da bacia do Congo, durante o período Miocénico. São o único habitat de dois primatas distintos, o Colobus vermelho do rio Tana *Colobus badius rufomitratus* e o Magabey do rio Tana *Cercocebus galeritus.* O antílope-caçador ou Hirola *Damaliscus hunteri,* altamente ameaçado e restrito, ocorre nas zonas de mato próximas. Duas espécies de aves ameaçadas a nível mundial ocorrem neste ecossistema, juntamente com pelo menos duas e possivelmente três das espécies da Zona de Aves Endémicas das Florestas Costeiras da África Oriental. A área alberga 19 das 30 espécies quenianas do Bioma da Costa Oriental

Africana (Bennun e Njoroge, 1999). Entre as espécies raras e/ou quase endémicas da herpetofauna contam-se o Tana Writhing Skink *Lygosoma tanae* Loveridge, 1935, o Mabuya-like Writhing Skink *Lygosoma mabuiiformis* (Loveridge, 1935), a cecília de lama *Scistometopum gregorii* (Boulenger, 1894) e a cecília endémica do rio Tana *Boulengerula denhardi* Nieden, 1912 (Malonza *et. al.*, 2006).

2.6 Actividades humanas e utilização dos solos

Existem diferentes comunidades étnicas com estilos de vida e níveis de desenvolvimento socioeconómico variados que habitam a área. O povo Pokomo é uma comunidade fluvial sedentária cuja subsistência depende da agricultura, da apicultura e da pesca. Os imigrantes Luo e Luhya no baixo rio Tana também praticam a pesca ativa, enquanto os povos Wardei e Orma são principalmente pastores semi-nómadas. No entanto, praticam a agricultura de subsistência, mas utilizam principalmente as florestas e as zonas húmidas como áreas de pastagem na estação seca (Bennun e Njoroge, 1999).

As principais culturas de subsistência cultivadas incluem *Oryza sativa, Pennisetum glaucum, Zea mays* e *Phaseolus vulgaris*, e árvores de fruto, tais como *Carica papaya,* espécies de manga do género Mangifera e espécies de banana do género Musa. Tanto as actividades agrícolas como as actividades pastoris afectam a estabilidade do ecossistema, onde as culturas itinerantes, o sobrepastoreio e a degradação geral das terras ameaçam a conservação da biodiversidade (Ochiago, 1991). Pensa-se que os sistemas de irrigação em grande escala e as barragens de energia hidroelétrica a montante causaram impactos negativos nas características ecológicas da bacia inferior do rio Tana (Butynski e Mwangi, 1995).

2.7 Utilização da floresta

Todas as matérias-primas para a construção são obtidas das florestas, sendo as principais espécies de árvores Mkoma, *Hyphaene compressa* e Mukindu, *Phoenix reclinata*. Os recursos florestais fornecem materiais para artigos domésticos tais como utensílios e camas, ordenha e armazenamento. As árvores Mkoma e Mukindu são também utilizadas para fazer cerveja local (Placa 2.1) e fornecem matérias-primas para esteiras, cestos e camas para a comunidade Pokomo e, em muito menor grau, para os

Wardei. As plantas e partes de plantas, como raízes, folhas e cascas, são recolhidas para fins medicinais. As comunidades desta região recolhem frutos silvestres da floresta, especialmente durante as más colheitas, a fome e os períodos de emergência. Os animais selvagens da floresta também são caçados para obtenção de carne. Estas florestas são utilizadas para pastagem pelas comunidades Wardei e Orma (Bennun e Njoroge, 1999).

Há uma utilização insustentável dos recursos florestais em alguns fragmentos florestais como Shakababo. A extração local de cerveja das árvores Mkoma na floresta de Shakababo é muito frequente.

As árvores Mkoma são as espécies dominantes aqui, embora ainda sejam vulneráveis ao corte local de cerveja, que começa quando as árvores são imaturas. As árvores grandes desta floresta também estão a ser cortadas para materiais de construção (Placa 2.2).

Placa 2.1: Cerveja local na torneira

Placa 2.2: Exploração madeireira ilegal

2.8 Inundações

Estas florestas encontram-se na planície de inundação e podem ser essencialmente classificadas como florestas de zonas húmidas. A planície de inundação é inundada sazonalmente. Existem também ciclos de inundação a longo prazo associados ao fenómeno El nino (Bennun e Njoroge, 1999).

A existência de meandros cortados e de enclaves florestais está intimamente ligada a regimes de inundação passados e à ocorrência de lagos rasos. A diversidade de habitats nesta zona permite a existência de uma grande diversidade de espécies vegetais e animais (Bennun e Njoroge, 1999).

CAPÍTULO 3: MATERIAIS E MÉTODOS

3.1.0 Seleção dos locais de estudo

Foram seleccionados oito fragmentos florestais para amostragem. No entanto, a seleção dos fragmentos florestais foi determinada pela acessibilidade, segurança e cooperação comunitária em torno do fragmento florestal. Estes fragmentos eram de diferentes tamanhos, níveis de perturbação, e estavam protegidos e não protegidos. Estas florestas eram Guru Norte (Fig. 3.1), Guru Sul, Mchelelo Oeste (Fig. 3.2), Congolani, Shakababo (Fig. 3.3), Mambo Sasa (Fig. 3.4), Hewani Sul (Fig. 3.5) e Kipini. Três destas florestas foram amostradas em pormenor, tanto para a herpetofauna como para as características do habitat: (a) Mchelelo West dentro do TRPNR, (b) Shakababo forest dentro do Community Trust Land, (c) Mambo Sasa (Witu) sob a alçada do Departamento Florestal. Foram utilizados vários métodos de amostragem, como buscas limitadas no tempo, armadilhas de queda com cercas de deriva, amostragem de transectos noturnos e inquéritos oportunistas de encontros visuais. As florestas de Congolani e Kipini foram objeto de um inquérito visual oportunista. As zonas húmidas que faziam parte dos ecossistemas florestais nas florestas seleccionadas foram identificadas e amostradas.

Placa 3.1: Guru Norte

Placa 3.2: Mchelelo Oeste

Placa 3.3: Shakababo

Placa 3.4: Mambo Sasa

Placa 3.5: Hewani Sul

25

Placa 3.6: Microhabitat

Placa 3.7: Serpente - *Causus resimus*

Placa 3.8: Camaleão - *Chamaeleo roperi*

3.2.0 Técnicas de amostragem da herpetofauna

3.2.1 Pesquisas por tempo limitado

Foram utilizadas pesquisas com tempo limitado descritas por Karns, (1986) e Heyer *et. al.,* (1994).

Este método consiste em selecionar o habitat a amostrar. Foram estabelecidas parcelas de amostragem (dimensões 25m x 25m) (marcando os limites com fita adesiva) em cada tipo de vegetação das florestas seleccionadas. Foram feitas três parcelas de amostragem em cada fragmento florestal selecionado, começando fora da floresta, no limite da floresta e dentro da floresta. Uma equipa de duas pessoas, trabalhando durante 30 minutos por busca em cada parcela (1 homem-hora), fez três visitas a cada local. A busca intensiva de anfíbios e répteis foi feita examinando visualmente árvores, coberturas de solo, arbustos, folhiço e revirando troncos, procurando espécies escavadoras e substituindo-as (Placas 3.9 e 3.10).

Placa 3.9: Procura de herpetofauna

Placa 3.10: Serpente encontrada a escavar no solo da floresta

3.2.2 Amostragem em transectos noturnos

Em cada local de estudo foram estabelecidos transectos rectangulares de tamanho padrão, totalizando 600m (200 +100+200+100) de volta ao ponto de partida (Heyer *et. al.,* 1994). Partindo de pontos seleccionados aleatoriamente, foram feitos percursos a pé, registando todas as espécies encontradas numa faixa de 1 m de cada lado e acima da linha do transecto (Placa 3.11). Uma equipa de duas pessoas, trabalhando durante duas horas por noite de pesquisa (4 horas-homem), fez três visitas a cada local.

Placa 3.11: Amostragem ao longo da margem de um lago com arco de boi

3.2.3 Inquérito oportunístico sobre encontros visuais

Este método de amostragem não padronizado, descrito por Karns (1986) e Heyer *et. al.* (1994), foi utilizado para gerar listas de espécies e determinar a abundância relativa, bem como a utilização do habitat. Neste método, foram seleccionados habitats de amostragem e pesquisados intensivamente durante duas horas em três visitas. Não foram estabelecidos limites espaciais para além da permanência no habitat de estudo. Este método não padronizado foi utilizado para gerar o inventário de espécies.

3.2.4 Armadilhas de queda com vedação de deriva

Para aumentar os esforços de amostragem e eliminar os problemas de quantificação e os enviesamentos associados aos outros métodos utilizados, foram empregues técnicas de armadilhagem (Karns, 1986; Sutherland, 1996; Heyer *et. al.,* 1994). Em cada transecto foram colocadas armadilhas em forma de X com 5 baldes. As armadilhas consistiam em baldes de plástico de 10 litros escavados até ficarem nivelados com a superfície do solo. Foram feitos orifícios de drenagem no fundo dos baldes para escoar a água da chuva. Foi montada uma vedação de plástico com 50 cm de altura e a 5 m de cada balde, com cerca de 10 cm do plástico enterrado no solo (Placa 3.12).

Foram utilizados paus de um metro e meio para ancorar a vedação. A barreira artificial (drift fence) interceptava a herpetofauna que se deslocava através da superfície e dirigia-a para as armadilhas ao longo da barreira. A herpetofauna que caía na barreira era apanhada. Foram montadas duas séries de armadilhas em cada fragmento de floresta selecionado, que foram verificadas diariamente antes das 07.30 horas.

Placa 3.12: Armadilhas de queda de fosso com vedação de desvio

3.2.5 Colheita, conservação e identificação de espécimes

As espécies de anfíbios e répteis foram imobilizadas e recolhidas com recurso a uma variedade de instrumentos. No caso dos anfíbios, foi utilizada uma rede de colher, bem como a captura manual. As serpentes não venenosas foram apanhadas com o pau de serpente e colocadas em sacos de tecido de algodão. Os espécimes foram mortos com uma solução de clorofórmio/clorobutanol e depois fixados com formalina a 4%. Alguns dos espécimes foram identificados de forma fiável sem captura, enquanto outros foram capturados, identificados e libertados. No entanto, alguns espécimes foram retidos para identificação no laboratório através da utilização de chaves taxonómicas e guias de anfíbios e répteis, tais como: Branch, 1988; Channing e Howell, 2006; Spawls *et. al.*, 2002, bem como consulta de herpetologistas e da coleção de referência herpetológica dos Museus Nacionais do Quénia.

3.3.0 Técnicas de amostragem do habitat

Para avaliar as preferências de habitat da herpetofauna, todos os habitats foram caracterizados usando diversas variáveis que foram registradas em três parcelas de amostragem (tamanhos 25m x 25m) estabelecidas em cada fragmento florestal selecionado, começando fora da floresta, na borda da floresta e dentro da floresta.

3.3.1 Densidade das árvores

Foi adoptada a técnica de amostragem em quadrado para determinar a densidade das árvores nos três fragmentos florestais seleccionados. A densidade refere-se ao número de indivíduos por unidade de área (Cox, 1990). Foram estabelecidas três parcelas de amostragem (dimensões 10m x 10m) em cada fragmento florestal selecionado, começando no exterior da floresta, no limite da floresta e no interior da floresta. O número de árvores individuais foi contado em cada parcela. As árvores com bases enraizadas situadas a mais de meio caminho dentro do limite foram contadas como se estivessem completamente dentro, e as plantas situadas a mais de meio caminho fora foram completamente excluídas. A densidade foi calculada como: Número de indivíduos por área amostrada.

3.3.2 Conteúdo da cobertura do lixo

A amostragem do conteúdo de folhada foi efectuada num quadrante de 0,5 m x 0,5 m a partir de cinco pontos (nos quatro cantos e no centro) das três parcelas de amostragem em cada local de amostragem. O conteúdo de folhada recolhido foi separado, seco e pesado utilizando uma balança digital - Precisa BJ 210C (peso máximo de 210g e precisão de 0,01g) para estimar a biomassa de folhada.

3.3.3 Percentagem de cobertura de copas

O coberto vegetal foi estimado com o auxílio de um ecrã de câmara digital (placas 3.13 e 3.14). As estimativas foram efectuadas a partir do centro das parcelas de amostragem em cada local de amostragem.

Placa 3.13: No interior da floresta

3.3.4 Percentagem de coberto vegetal

As estimativas foram feitas no centro de cada parcela de amostra em cada local de amostragem utilizando o ecrã de uma câmara digital. As placas 3.15 e 3.16 abaixo mostram estimativas para o fragmento florestal Mambo Sasa.

Placa 3.15: Borda da floresta

Placa 3.16: Interior da floresta

3.3.5 Humidade do solo

Foi feita uma estimativa da humidade do solo (até 5 cm de profundidade) dos fragmentos florestais seleccionados durante a estação seca e húmida. A esta estimativa foram atribuídas três categorias: 1 pontuação se o substrato do solo estivesse seco, 2 pontuações se o substrato do solo estivesse húmido e 3 pontuações se o substrato do solo estivesse molhado.

3.3.6 Temperatura ambiente

As temperaturas do solo e do ar foram medidas com um termómetro, em todas as parcelas de amostra estabelecidas durante a estação seca e húmida.

3.3.7 pH do solo

Foram colhidas nove amostras de solo de cada parcela de amostragem em todos os locais de amostragem para determinar o pH do solo. As amostras de solo foram esmagadas para quebrar os torrões e fechadas num frasco cheio de água destilada. Após uma agitação vigorosa, as amostras foram deixadas durante 5 a 10 minutos para que todas as substâncias solúveis se dissolvessem e para que todas as partes duras sedimentassem. Em seguida, o pH da solução acima do sedimento foi medido utilizando um medidor de pH portátil com microcomputador (HI 9024).

3.3.8 Estimativa das perturbações florestais

A avaliação da perturbação nos fragmentos florestais foi classificada em três categorias: Baixa: dada 1 pontuação se a variável de perturbação fosse baixa; moderada: dada 2 pontuações se a variável de perturbação fosse moderada e alta: dada 3 pontuações se a variável de perturbação fosse alta. Foram estimadas as seguintes variáveis de perturbação: desflorestação (pelo homem), espécies invasoras, sobrepastoreio, fogo, inundações, poluição - agricultura, número de cabeças de gado, recuperação para agricultura e pressão da população humana.

3.4.0 Inquérito por questionário

Em paralelo com o estudo da diversidade, abundância e distribuição da herpetofauna, foram avaliadas as atitudes das comunidades locais na área de estudo. Foi utilizado um questionário para avaliar o significado cultural e as ameaças aos anfíbios e répteis. Foram entrevistadas pelo menos dez pessoas em cada um dos três sítios florestais seleccionados.

3.5.0 Análise dos dados

Os dados relativos à herpetofauna e às características do habitat foram introduzidos em folhas de cálculo Excel e a análise foi efectuada utilizando o software SPSS (versão 12.0 para estudantes), o software PAST (versão 1.36) e o Microsoft Office Excel 2003.

3.5.1 Características do habitat

Todos os dados relativos às variáveis do habitat foram transformados em logaritmos para verificar a normalidade antes da análise. O teste t de uma amostra foi utilizado para testar o logaritmo dos números médios das características do habitat nos sítios de cada floresta. A ANOVA (One way) foi utilizada para determinar diferenças significativas no logaritmo da média das características do habitat entre as florestas.

3.5.2 Riqueza, abundância e diversidade das espécies da herpetofauna

A abundância da herpetofauna foi expressa em termos de indivíduos observados e identificados. Os índices de riqueza e diversidade de espécies foram calculados para as espécies de anfíbios e répteis registadas em cada uma das três florestas seleccionadas. As comparações foram ilustradas por dois índices ecológicos;

3.5.2.1 Riqueza de espécies (S)

A medida mais simples da riqueza de espécies é o número total de espécies (S) presentes numa amostra de indivíduos de uma área. No entanto, como a dimensão da amostra varia frequentemente, S só pode ser utilizado como uma medida grosseira da riqueza de espécies da comunidade. O número total de espécies registadas foi utilizado como medida da riqueza de espécies.

3.5.2.2 Índice de diversidade de Shannon-Wiener (H)[1]

Este índice depende da riqueza de espécies (número de espécies) e da regularidade (número de indivíduos em cada espécie). Num contexto ecológico, é a quantidade de incerteza associada à identidade de um indivíduo selecionado aleatoriamente. O índice de diversidade de Shannon Wiener é sensível a espécies raras ou comuns (Zar, 1996).

$$H' = \Sigma\,(Pi)\,(log\ Pi)$$

Onde H' é o índice de diversidade de espécies.

Pi é a proporção da espécie i[th] na amostra

O número total de indivíduos registados para cada espécie foi utilizado como medida de abundância das espécies. Para testar as diferenças estatísticas no logaritmo da riqueza média de espécies de herpetofauna, abundância e diversidade entre as três florestas, e entre as estações seca e húmida, foi utilizada uma ANOVA de uma via. Todos os dados da herpetofauna foram transformados em logaritmo para se aproximarem da distribuição normal antes da análise.

3.5.3 Correlação da herpetofauna com as características do habitat

A ANOVA de regressão foi utilizada para avaliar a relação entre o logaritmo das variáveis médias do habitat e a riqueza, abundância e diversidade de espécies da herpetofauna. Os dados foram transformados em logaritmos para se aproximarem da distribuição normal antes da análise.

3.5.4 Importância cultural e ameaças aos anfíbios e répteis

Para testar as diferenças estatísticas no logaritmo da significância cultural média e as ameaças à herpetofauna, entre e dentro dos grupos, foi utilizada a ANOVA de uma via. Todos os dados foram transformados em arco-seno para se aproximarem da distribuição normal antes da análise.

CAPÍTULO 4: RESULTADOS

4.1.0 Características dos fragmentos florestais

Os oito fragmentos florestais estudados eram de diferentes tamanhos, altitudes, níveis de perturbação

e estado de conservação. Quatro destas florestas eram protegidas pelo TRPNR (Guru Norte, Guru

Sul, Mchelelo Oeste, Congolani), uma protegida pelo Departamento Florestal (Mambo Sasa) e três

não protegidas (Hewani Sul, Shakababo e Kipini). A altitude das florestas variava entre 13 e 46 m

acima do nível do mar. Os seus tamanhos aproximados também variaram entre 17 e 3937,6 ha, ver

quadro 4.1.

Tabela 4.1: Características dos fragmentos florestais.

Floresta	Altitude (M)	Tamanho (ha)	Latitude e Longitude	Protegido/desprotegido
Guru Norte	42	51	01° 51' 13.2" S 040° 06' 59.8." E	Protegido
Guru Sul	46	46	01° 52 '04.7" S 040° 08'15.7." E	Protegido
Mchelelo Oeste	38	17	01° 52' 43.4" S 040° 08' 0.97" E	Protegido
Congolani	43	50	01° 59' 38.3" S 040° 07' 0.7" E	Protegido
Mambo Sasa	13	3937.6	02° 22' 56.1" S 040°29' 13.4." E	Protegido
Hewani Sul	25	17	02°13' 37.01" S 040° 10' 38.6" E	Não protegido
Shakababo	18	405	02° 24' 52.1" S 040° 10' 43.6" E	Não protegido
Kipini	19	1000	02° 31' 30.2" S 040° 31' 26.3" E	Sem proteção

4.1.1 Descrição pormenorizada dos fragmentos florestais

Três fragmentos florestais seleccionados para o estudo da herpetofauna e das características do habitat

(Mchelelo West, Shakababo e Mambo Sasa) tinham as seguintes características

4.1.1.1 Tamanho

Os fragmentos florestais variaram em tamanho de 17 a quase 4000 ha. Os tamanhos da floresta mostraram uma ligação gradual devido ao desmatamento para assentamentos e agricultura itinerante (Apêndice 1).

4.1.1.2 Teor de folhagem

Registou-se um aumento do teor de folhada do exterior para o interior das florestas. Shakababo e Mambo Sasa apresentaram o teor mais elevado de folhada tanto no exterior como na orla, respetivamente, mas Mchelelo West registou o teor mais elevado no interior da floresta. No entanto, Mchelelo West apresentou o teor mais elevado de folhada, seguido de Mambo Sasa e Shakababo, respetivamente (Anexo 1). Houve uma diferença significativa no conteúdo médio de cobertura de folhada entre os locais em Mchelelo West (Teste t de uma amostra: $t = 6,282$, $p < 0,05$), Shakababo ($t = 46,7$, $p < 0,05$) e Mambo Sasa ($t = 6,67$, $p < 0,05$) ver tabela 4.2.

Quadro 4.2: Teste *t* de uma amostra das características do habitat entre sítios nas florestas

Habitat characteristics	Mchelelo West			Shakababo			Mambo Sasa		
	t-value	df	*P*-value	t-value	df	P-value	*t*-value	df	*P*-value
Leaf litter content	6.282	2	0.024	46.7	2	0.0005	6.79	2	0.021
Percent canopy cover	3.76	2	0.064	3.645	2	0.0677	4.961	2	0.038
Soil moisture	17.08	2	0.0034	5.228	2	0.0347	6.228	2	0.0248
Soil pH	21.15	2	0.0022	184.4	2	2.9E-5	140.1	2	5.0E-5
Tree density	4.079	2	0.055	2.55	2	0.125	3.873	2	0.061
Temperature	72.31	2	0.0002	98.36	2	0.001	51.12	2	0.0004
Percent vegetation cover	25.14	2	0.0016	30.18	2	0.0012	39.83	2	0.0006
Forest Disturbance	4.277	2	0.0506	6.402	2	0.024	2.893	2	0.102

No entanto, não houve diferença significativa no logaritmo do teor médio de cobertura de folhada (One way ANOVA: $F_{,23} = 0,014$, $p > 0,05$) entre as florestas (Quadro 4.3).

Tabela 4.3: Teste ANOVA unidirecional das características do habitat entre florestas

Características do habitat	*Valor* F	df	Valor *de p*
Conteúdo da cobertura do lixo	0.014	2	0.9854
Percentagem de cobertura do dossel	0.079	2	0.9246
Humidade do solo	11.12	2	0.0095
pH do solo	1.221	2	0.359
Densidade das árvores	0.6867	2	0.5388
Temperatura	0.8704	2	0.4657
Percentagem de coberto vegetal	0.7315	2	0.5195
Perturbações florestais	1.613	2	0.275

4.1.1.3 Percentagem de cobertura do dossel

Também se registou um aumento do coberto vegetal do exterior para o interior das florestas. Mambo Sasa teve a maior cobertura de copa no exterior, enquanto Mchelelo West teve a maior na borda e no interior. Shakababo tinha o coberto mais baixo em todos os sítios. Mchelelo West teve a maior cobertura de copa seguida por Mambo Sasa e Shakababo respetivamente (Anexo 1). Não houve diferença significativa na percentagem média de coberto vegetal dentro dos locais em Mchelelo West (teste t de uma amostra: $t = 3,76$, $p > 0,05$) e Shakababo ($t = 3,645$, $p > 0,05$), mas houve diferença significativa dentro dos locais em Mambo Sasa ($t = 4,961$, $p < 0,05$), ver quadro 4.2 acima. Contudo, não houve diferença significativa na percentagem média de cobertura de copa (One way ANOVA: $F_{,23} = 0.079$, $p > 0.05$) entre as três florestas estudadas (Tabela 4.3 acima).

4.1.1.4 Teor de humidade do solo

O teor de humidade do solo aumentou do exterior para o interior das florestas. Mchelelo West tinha o teor de humidade do solo mais elevado em todos os locais da floresta. Mambo Sasa tinha um teor de humidade do solo mais elevado do que Shakababo (Anexo 1). Houve uma diferença significativa no teor médio de humidade do solo dentro dos locais em Mchelelo West (Teste t de uma amostra: $t = 17,08$, $p < 0,05$), Shakababo ($t = 5,228$, $p < 0,05$) e Mambo Sasa ($t = 6,228$, $p < 0,05$) ver tabela 4.2 acima. Também houve uma diferença significativa na média do teor de humidade do solo (One way ANOVA: $F_{,23} = 11.12$, $p < 0.05$) entre as florestas (Tabela 4.3 acima).

4.1.1.5 pH do solo

Registou-se um aumento da acidez do solo do exterior para o interior nas florestas de Shakababo e Mambo Sasa. Em Mchelelo West, a acidez do solo era mais elevada no interior e mais baixa na periferia. Shakababo teve a maior acidez do solo, seguida de Mambo Sasa e depois Mchelelo West, respetivamente (Anexo 1). Verificou-se uma diferença significativa no pH médio do solo nos sítios de Mchelelo West (teste t de uma amostra: $t = 21,15$, $p < 0,05$), Shakababo ($t = 184,4$, $p < 0,05$) e Mambo Sasa ($t = 140,1$, $p < 0,05$), ver quadro 4.2 acima. Contudo, não houve diferença significativa no logaritmo do pH médio do solo (One way ANOVA: $F_{,23} = 1.221$, $p > .05$) entre as florestas (Tabela 4.3 acima).

4.1.1.6 Densidade das árvores

A densidade das árvores aumentou do exterior para o interior das florestas. A abertura das florestas aumentou de dentro para fora. Mchelelo West teve a maior densidade de árvores, seguido por Mambo Sasa e depois Shakababo entre todos os sítios (Anexo 1). Não houve diferença significativa no logaritmo da densidade média de árvores dentro dos locais em Mchelelo West (teste t de uma amostra: $t = 4,079$, $p > 0,05$), Shakababo ($t = 2,55$, $p > 0,05$) e Mambo Sasa ($t = 3,873$, $p > 0,05$), ver tabela 4.2 acima. Também não houve diferença significativa no logaritmo da densidade média de árvores (One way ANOVA: $F_{,23} = 0,6867$, $p > 0,05$) entre as florestas (Tabela 4.3 acima).

4.1.1.7 Temperatura

A temperatura avaliada durante as estações seca e húmida diminuiu do exterior para o interior das florestas. No entanto, Shakababo teve a temperatura mais elevada, seguida de Mambo Sasa e depois Mchelelo West, no limite e no interior, respetivamente (Anexo 1). Houve uma diferença significativa no logaritmo da temperatura média dentro dos locais em Mchelelo West (Teste t de uma amostra: $t = 72.31$, $p < 0.05$), Shakababo ($t = 98.36$, $p < 0.05$) e Mambo Sasa ($t = 51.12$, $p < 0.05$) ver tabela 4.2 acima. Contudo, não houve diferença significativa no logaritmo da temperatura média (One way ANOVA: $F_{,23} = 0.8704$, $p > 0.05$) entre as florestas (Tabela 4.3 acima).

4.1.1.8 Percentagem de coberto vegetal

A percentagem de cobertura vegetal aumentou do exterior para o interior das florestas. Mambo Sasa tinha a cobertura vegetal mais elevada, seguida de Mchelelo West e Shakababo, tanto no interior como no exterior, respetivamente (Anexo 1). Houve uma diferença significativa no logaritmo da percentagem média de coberto vegetal dentro dos locais em Mchelelo West (Teste t de uma amostra: $t = 25.14$, $p < 0.05$), Shakababo ($t = 30.18$, $p < 0.05$) e Mambo Sasa ($t = 39.83$, $p < 0.05$) ver quadro 4.2 acima. No entanto, não houve diferença significativa no logaritmo da percentagem média de cobertura vegetal (ANOVA de uma via: $F_{,23} = 0{,}7315$, $p > 0{,}05$) entre as florestas (Tabela 4.3).

4.1.1.9 Perturbações florestais

Shakababo tinha um nível de perturbação mais elevado do que Mchelelo West e Mambo Sasa (Anexo 1). O nível de perturbação aumentou do exterior para o interior em todas as florestas. Não houve diferença significativa no logaritmo da perturbação média da floresta dentro dos sítios em Mchelelo West (Teste t de uma amostra: $t = 4{,}277$, $p < 0{,}05$) e Mambo Sasa ($t = 2{,}893$, $p > 0{,}05$), mas houve em Shakababo (t = 6,402, $p < 0{,}05$) ver tabela 4.2 acima. Contudo, não houve diferença significativa no logaritmo da perturbação média da floresta (One way ANOVA: $F_{,23} = 1.613$, $p > 0.05$) entre as florestas (Tabela 4.3 acima).

4.3.0 Comunidade herpetofaunística

Foi registado um total de 2181 indivíduos de espécies de herpetofauna em oito fragmentos florestais nas florestas do baixo rio Tana. O número de espécies, os seus taxa, o número de indivíduos por espécie e os indivíduos em todos os fragmentos florestais são apresentados no apêndice 2.

A herpetofauna é composta por anfíbios (19 espécies) e répteis (37 espécies). Os anfíbios pertenciam a 5 famílias e 10 géneros enquanto os répteis pertenciam a 12 famílias e 27 géneros (Tabela 4.4). O perfil taxonómico da herpetofauna amostrada nas florestas do baixo rio Tana estudadas é também fornecido. Foi registada uma única espécie na ordem Crocodylia e Cheloniae (Testudinata) com um número substancial nas ordens Anura e Squamata (Lacertilia e Serpentes) (Quadro 4.4).

Os anfíbios foram abundantes em todos os fragmentos florestais, exceto no Guru sul que registrou os lagartos como as espécies mais abundantes. As cobras foram as menos abundantes em todos os fragmentos florestais. Os anfíbios representaram 33,9% e os lagartos, cobras, tartarugas e crocodilos representaram 33,9%, 28,6%, 1,8% e 1,8% em todas as florestas, respetivamente, da herpetofauna amostrada (Quadro 4.4).

Tabela 4.4: Perfil taxonómico da herpetofauna nas florestas do baixo rio Tana estudadas

Posição do táxon	Família	Géneros	Espécies	Espécies (%)
Ordem Anura	5	10	19	33.9
Ordem Testudinata	1	1	1	1.8
Ordem Squamata				
Sub-ordem Lacertilia	6	11	19	33.9
Sub-ordem Serpentes	4	14	16	28.6
Ordem Crocodylia	1	1	1	1.8
Total	17	37	56	100

4.3.1 Abundância, riqueza e diversidade das espécies de anfíbios

Comparando a abundância de espécies de anfíbios durante as estações húmida e seca, os resultados mostraram que a abundância foi maior na estação húmida do que na estação seca em todas as florestas. A maior abundância foi registada em Mambo Sasa, seguida de Mchelelo West, enquanto Shakababo teve a menor (Quadro 4.5).

Quadro 4.5: Abundância, riqueza e diversidade das espécies de anfíbios

	Forest	Dry	Wet	Dry and wet
Abundance	Mchelelo West	177	208	385
	Shakababo	62	78	140
	Mambo Sasa	211	264	475
Species richness	Mchelelo West	8	10	11
(S)	Shakababo	7	8	10
	Mambo Sasa	12	12	14
Species diversity	Mchelelo West	-0.78116	-0.89958	-0.86192
(H')	Shakababo	-0.70029	-0.88458	-0.84361
	Mambo Sasa	-0.88573	-0.8934	-0.92731

Houve diferença significativa no logaritmo da abundância média de espécies de anfíbios (One way ANOVA: $F_{,23} = 39,8$, $p < 0,05$) entre e dentro das florestas (Tabela 4.6).

Tabela 4.6: Teste ANOVA de um caminho para a abundância, riqueza e diversidade de espécies da herpetofauna entre e dentro das florestas.

Hertofauna		Valor F	Df	P - valor
Anfíbios	Abundância	39.8	2	0.007
	Riqueza de espécies	10.09	2	0.046
	Diversidade de espécies	0.589	2	0.608
Lagartos	Abundância	2.06	2	0.273
	Riqueza de espécies	7.895	2	0.064
	Diversidade de espécies	3.85	2	0.148
Serpentes	Abundância	2.442	2	0.235
	Riqueza de espécies	2.104	2	0.2685
	Diversidade de espécies	1.309	2	0.3903

O número de espécies de anfíbios foi maior durante a estação húmida do que durante a estação seca em todas as florestas. O maior número de espécies de anfíbios foi registado em Mambo Sasa, seguido de Mchelelo West, enquanto Shakababo teve o menor (Quadro 4.5 acima). Houve uma diferença significativa no logaritmo da riqueza média de espécies de anfíbios (One way ANOVA: $F_{2,3} = 10.09$, $p < 0.05$) entre e dentro das florestas (Tabela 4.6 acima)

A diversidade de espécies de anfíbios calculada através do Índice de Shannon-Wiener (H') mostrou variação em ambas as estações. A diversidade de anfíbios foi maior na estação húmida do que na seca em todas as florestas. Mambo Sasa teve a maior diversidade de anfíbios (H' = 0.92731) seguida de Mchelelo west (H' = 0.86192) e depois Shakababo (H' = 0.84361) respetivamente (Quadro 4.5 acima). Não houve diferença significativa no logaritmo da diversidade média de espécies de anfíbios (One way ANOVA: $F_{,23} = 0{,}589$, $p > 0{,}05$) entre e dentro das florestas (Quadro 4.6 acima).

4.3.2 Abundância, riqueza e diversidade das espécies de lagartos

A abundância de espécies de lagartos foi maior durante a estação húmida do que durante a estação seca em todas as florestas, exceto em Mchelelo West. A maior abundância na estação húmida foi registada em Shakababo. Contudo, a maior abundância foi registada em Mchelelo, seguida de Shakababo e Mambo Sasa, respetivamente (Quadro 4.7). Não houve diferença significativa no logaritmo da abundância média de espécies de lagartos (One way ANOVA: $F_{,23} = 2.06$, $p > 0.05$) entre e dentro das florestas (Tabela 4.6 acima).

Quadro 4.7: Abundância, riqueza e diversidade das espécies de lagartos

	Floresta	Seco	Húmido	Seco e húmido
Abundância	Mchelelo Oeste	73	72	145
	Shakababo	15	86	101
	Mambo Sasa	2	22	24
Riqueza de espécies	Mchelelo Oeste	9	12	14
(S)	Shakababo	5	11	11
	Mambo Sasa	3	2	5
Diversidade de espécies	Mchelelo Oeste	-0.59792	-0.92094	-0.82796
(H')	Shakababo	-0.55888	-0.58734	-0.62478
	Mambo Sasa	-0.30102	-0.36718	-0.48623

O número de espécies de lagartos também foi maior durante a estação húmida do que durante a estação seca em todas as florestas, exceto em Mambo Sasa. O número mais elevado de espécies de lagartos foi registado em Mchelelo West. Seguiram-se Shakababo e Mambo Sasa, respetivamente, em ambas as estações (Quadro 4.7 acima). Não houve diferença significativa no logaritmo da riqueza média de espécies de lagartos (One way ANOVA: $F_{,23} = 7.895$, $p > 0.05$) entre e dentro das florestas (Quadro 4.6 acima).

A diversidade de espécies de lagartos foi também mais elevada na estação húmida do que na estação seca em todas as florestas. A maior diversidade de espécies (H' = 0,82796) foi registada em Mchelelo west. Seguiu-se Shakababo (H' = 0,62478), enquanto Mambo Sasa (H' = 0,48623) registou a menor diversidade (Quadro 4.7 acima). Não houve diferença significativa no logaritmo da diversidade média de espécies de lagartos (One way ANOVA: $F_{,23} = 3.85$, $p > 0.05$) entre e dentro das florestas (Tabela 4.6 acima).

4.3.3 Abundância, riqueza e diversidade das espécies de serpentes

A abundância de cobras foi maior na estação seca do que na estação húmida em Mchelelo West. A maior abundância na estação húmida foi registada em Shakababo. Não foram registadas cobras em Shakababo durante a estação seca e em Mambo Sasa em ambas as estações. A maior abundância de cobras foi registada em Mchelelo West (Quadro 4.8). Contudo, não houve diferença significativa no logaritmo da abundância média de espécies de cobras (One way ANOVA: $F_{,23} = 2.442$, $p > 0.05$)

entre e dentro das florestas (Tabela 4.6 acima).

Tabela 4.8: Abundância, riqueza e diversidade de espécies de serpentes

	Floresta	Seco	Húmido	Seco e húmido
Abundância	Mchelelo Oeste	7	3	10
	Shakababo	0	5	5
	Mambo Sasa	0	0	0
Riqueza de espécies	Mchelelo Oeste	6	2	8
	Shakababo	0	4	4
	Mambo Sasa	0	0	0
Diversidade de espécies	Mchelelo Oeste	-0.75908	-0.27643	-0.87958
	Shakababo	0	-0.57355	-0.57355
	Mambo Sasa	0	0	0

O número de espécies de serpentes foi maior na estação seca do que na estação húmida em Mchelelo West. Da mesma forma, a maior riqueza de espécies de cobras foi registada em Shakababo durante a estação das chuvas. O número mais elevado de espécies de cobras foi registado em Mchelelo West, seguido de Shakababo (Quadro 4.8 acima). No entanto, não houve diferença significativa no logaritmo da riqueza média de espécies de cobras (ANOVA de um só sentido: $F_{2,3} = 2,104, p > 0,05$) entre e dentro das florestas (Quadro 4.6 acima).

A diversidade de espécies de serpentes foi maior na estação seca do que na estação húmida em Mchelelo West. Mchelelo Oeste teve a maior diversidade de espécies de serpentes (H' = 0,87958), seguido de Shakababo (H' = 0,57355), (Tabela 4.8 acima). No entanto, não houve diferença significativa no logaritmo da diversidade média de espécies de serpentes (ANOVA de um caminho: $F_{2,3} = 1,309, p > 0,05$, entre e dentro das florestas (Tabela 4.6 acima).

4.3.4 Comparação da herpetofauna

Comparando a abundância da herpetofauna, riqueza de espécies e diversidade nas três florestas, os resultados mostraram que a maior abundância, riqueza de espécies e diversidade foram registadas em Mchelelo West. A abundância foi mais elevada em Mambo Sasa do que em Shakababo, mas foi mais baixa em termos de riqueza e diversidade de espécies (Fig. 4.1 e 4.2).

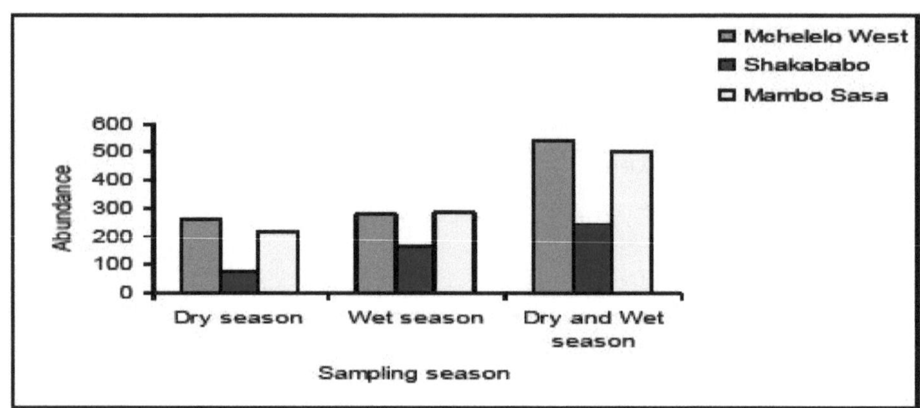

Figura 4.1: Abundância na estação seca e húmida

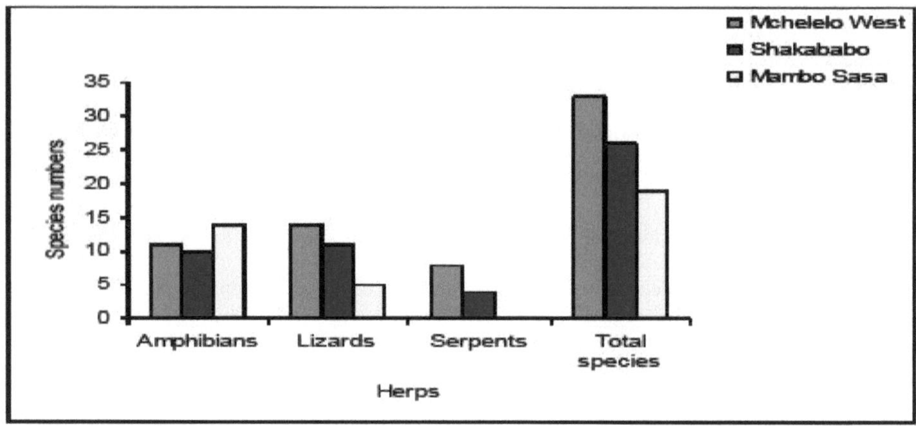

Figura 4.2: Riqueza de espécies.

Da mesma forma, a diversidade de espécies de herpetofauna nos três fragmentos florestais seleccionados mostrou que Mchelelo West era a floresta mais diversa (S=33, H'=1.143). Seguiram-se as florestas de Shakababo (S=26, H'=1,081) e Mambo Sasa (S=19, H'=0,099), respetivamente (Quadro 4.9).

Quadro 4.9: Índices de diversidade das florestas

Florestas	Mchelelo Oeste	Shakababo	Mambo sasa
Riqueza de espécies (S)	33	26	19
Índice de Shannon-Wiener (H')	1.143	1.081	0.099

4.4 Relação entre as variáveis do habitat e a riqueza de espécies

A correlação entre a riqueza de espécies e as características do habitat foi avaliada através da representação gráfica das variáveis do habitat em relação ao número de espécies de anfíbios, lagartos

e serpentes, separadamente. Todas as análises de regressão mostraram relações positivas e negativas

fracas, exceto a dos lagartos (Regression ANOVA: $F_{1,2} = 6.7$, $R = 0.863$, $p > 0.05$, Fig. 4.3) e a riqueza

de espécies de serpentes ($F_{1,2} = 7.34$, $R^2 = 0$. 0.88, $p > 0.05$, Fig. 4.4), que mostrou uma forte relação

linear negativa com o tamanho da floresta.

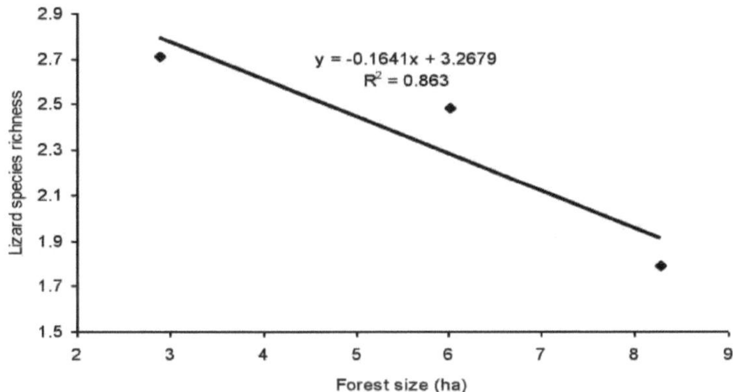

Figura 4.3: Relação entre o tamanho da floresta e a riqueza de espécies de lagartos

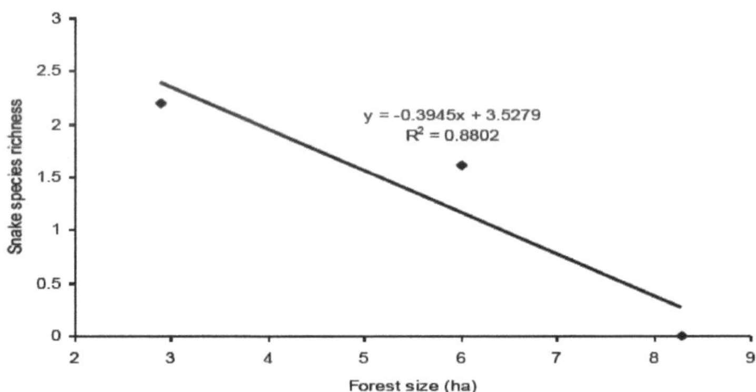

Figura 4.4: Relação entre o tamanho da floresta e a riqueza de espécies de serpentes

A riqueza de espécies de anfíbios também mostrou uma forte relação linear positiva com a

percentagem de cobertura vegetal ($F_{1,2} = 10,13$, $R = 0,91$, $p > 0,05$, Fig.4.5). No entanto, não houve

relação significativa entre a riqueza de espécies de anfíbios, lagartos e serpentes e as características

do habitat (Regression ANOVA: $p > 0,05$, Apêndice 3).

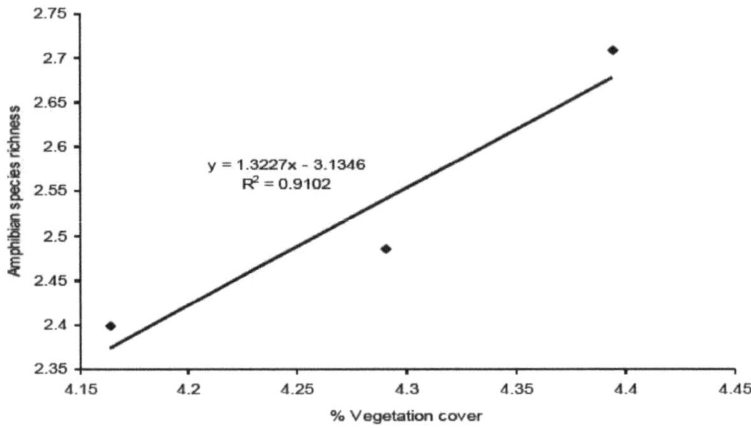

Figura 4.5: Relação entre a percentagem de coberto vegetal e a riqueza de espécies de anfíbios

4.5 Relação entre as variáveis do habitat e as espécies da herpetofauna Abundância

A relação entre as variáveis do habitat e a abundância de espécies foi avaliada através da representação gráfica das variáveis do habitat em função do número individual de anfíbios, lagartos e serpentes. Todas as análises de regressão revelaram relações positivas e negativas fracas, exceto no caso dos lagartos (Regression ANOVA: $F_{1,2} = 4,97$, $R^2 = 0,83$, $p > 0,05$, Fig. 4.6) e da abundância de espécies de serpentes ($F_{1,2} = 6,67$, $R^2 = 0,87$, $p > 0,05$, Fig. 4.7), que revelaram uma forte relação negativa com a dimensão da floresta.

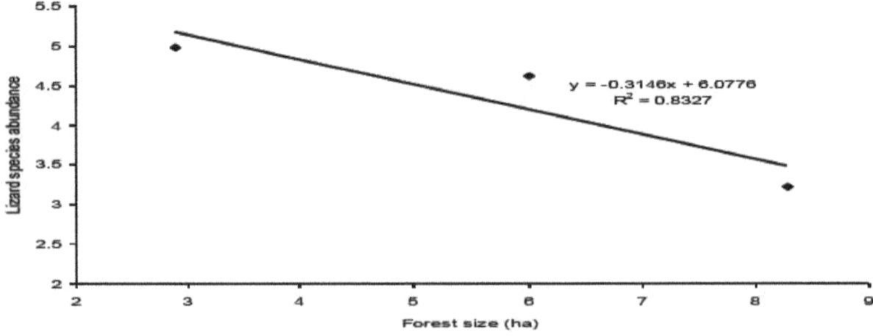

Figura 4.6: Relação entre o tamanho da floresta e a abundância de espécies de lagartos

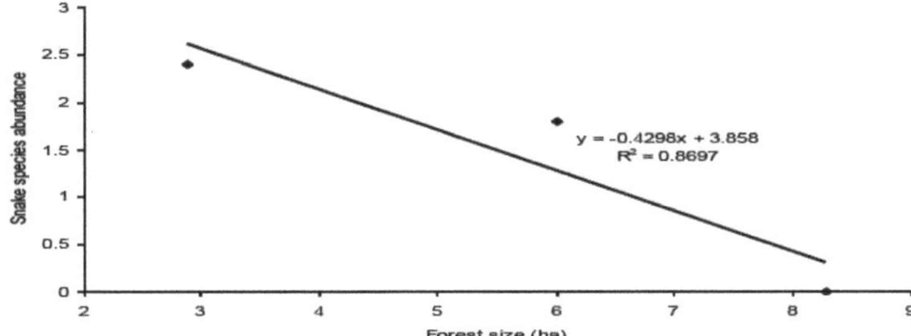

Figura 4.7: Relação entre o tamanho da floresta e a abundância de espécies de serpentes

A abundância de espécies de anfíbios demonstrou uma forte relação linear positiva com a percentagem de cobertura do dossel ($F_{1,2} = 0,539$, $R^2 = 0,844$, $p > 0,05$, Fig. 4.8), percentagem de cobertura vegetal ($F_{1,2} = 9.468$, $R^2 = 0.905$, $p > 0.05$, Fig. 4.10), e forte relação linear negativa com a temperatura ($F_{1,2} = 7.09$, $R^2 = 0.88$, $p > 0.05$, Fig.4.9) e perturbação florestal ($F_{1,2} = 37.5$, $R^2 = 0.974$, $p > 0.05$, Fig. 4.11). No entanto, não houve correlação significativa entre a abundância de espécies de anfíbios, lagartos e serpentes e as características do habitat (Regression ANOVA: $p > 0,05$, Apêndice 4).

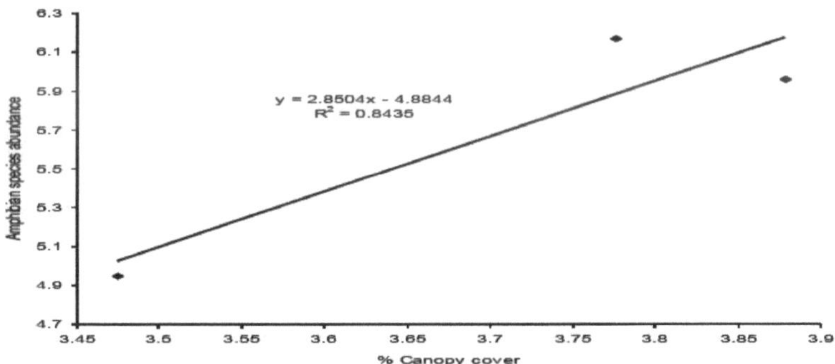

Figura 4.8: Relação entre a percentagem de coberto vegetal e a abundância de espécies de anfíbios

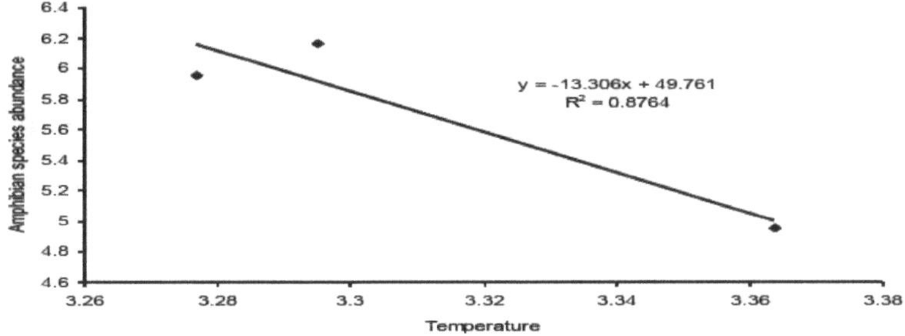

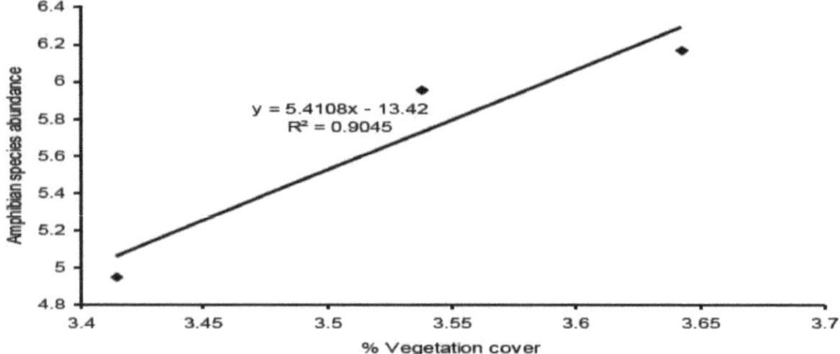

Figura 4.9: Relação entre a temperatura e a abundância de espécies de anfíbios

Figura 4.10: Relação entre a percentagem de coberto vegetal e a abundância de espécies de anfíbios

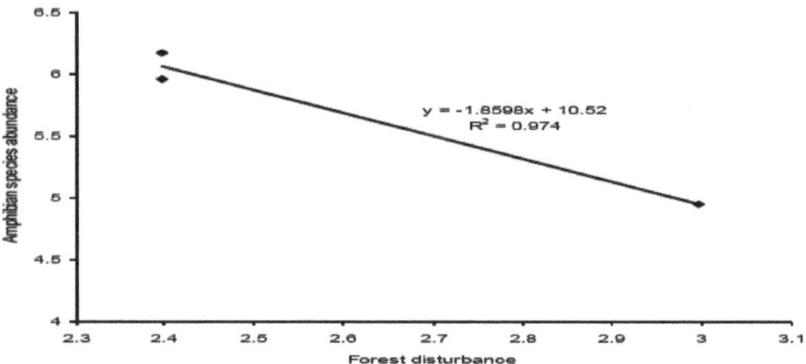

Figura 4.11: Relação entre perturbação florestal e abundância de espécies de anfíbios

4.6 Relação entre as variáveis do habitat e a diversidade de espécies

A relação entre as variáveis do habitat e a diversidade de espécies foi também determinada através da representação gráfica das variáveis do habitat em função da diversidade de espécies de anfíbios, lagartos e serpentes.

A análise de regressão mostrou relações positivas e negativas fracas, exceto para o lagarto (ANOVA de regressão: $F_{1,2}$ = 7805, R^2 = 0,999, $p < 0,05$, Fig.4.12) e a diversidade de espécies de serpentes ($F_{1,2}$ = 8,082, R^2 = 0,889, $p > 0,05$, Fig.4.13) que apresentaram uma forte relação negativa com o tamanho da floresta.

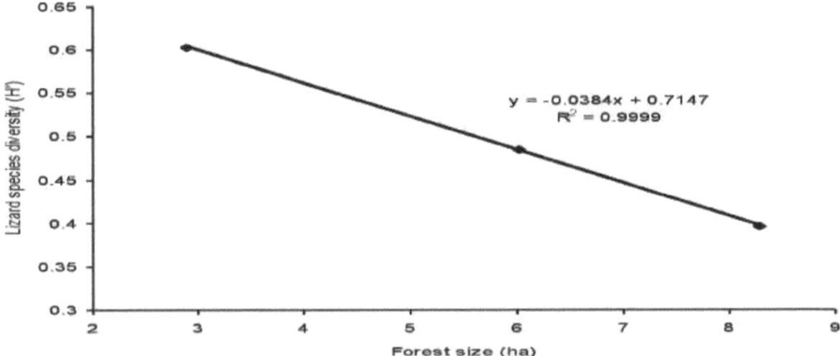

Figura 4.12: Relação entre o tamanho da floresta e a diversidade de espécies de lagartos

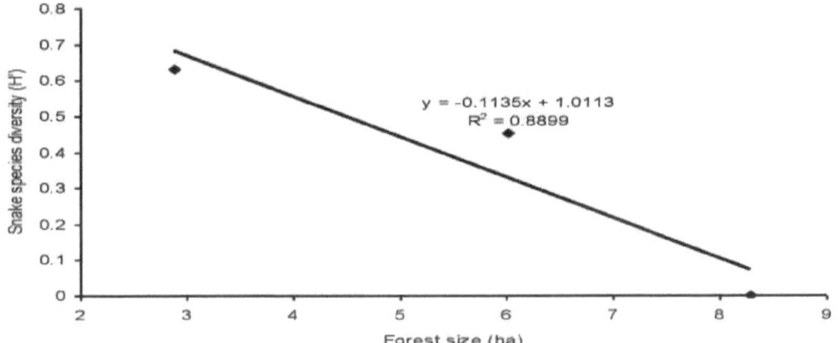

Figura 4.13: Relação entre o tamanho da floresta e a diversidade de espécies de serpentes

A diversidade de espécies de anfíbios também apresentou uma forte relação linear positiva com a percentagem de cobertura vegetal ($F_{1,2}$ = 6,8002, R^2 = 0,872, p > 0,05, Fig.4.14). Não houve relação significativa entre a diversidade de espécies de anfíbios, lagartos e serpentes e as características do habitat (Regression ANOVA: p > 0,05), mas houve relação significativa entre a diversidade de espécies de lagartos e o tamanho da floresta ($F_{1,2}$ = 7805, R^2 = 0,999, p < 0,05) (Apêndice 5).

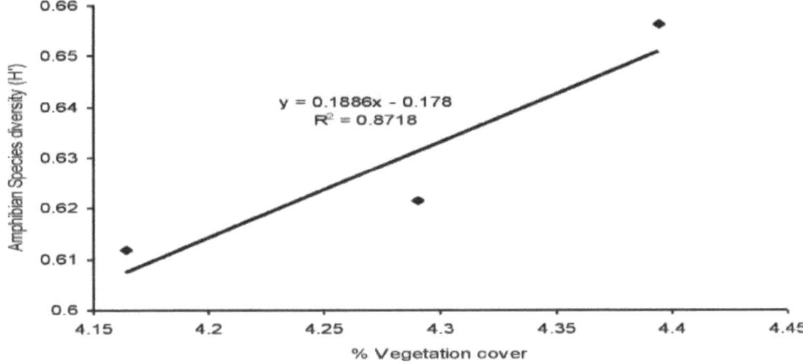

Figura 4.14: Relação entre a percentagem de coberto vegetal e a diversidade de espécies de anfíbios.

4.7.0 Importância cultural e ameaças aos anfíbios e répteis

4.7.1Utilização da herpetofauna

A maioria dos inquiridos (67%) classificou os crocodilos como a sua primeira herpetofauna importante para utilização. A utilidade de outra herpetofauna foi anfíbios (21%), lagartos (3%), cobras (3%) e camaleões (6%), respetivamente (Fig. 4.15). A avaliação da preferência de utilização também indicou que a maioria dos inquiridos (37,1%) classificou a alimentação como a sua primeira e preferida utilização da herpetofauna, seguida do comércio (26%), uso cultural (26%) e outros (11%), respetivamente (Fig. 4.17). Não houve diferença significativa no logaritmo das respostas médias sobre a utilização da herpetofauna e a preferência pela utilização (ANOVA de uma via: $F_{3,16} = 0,7107$, $p = > 0,05$, Apêndice 6).

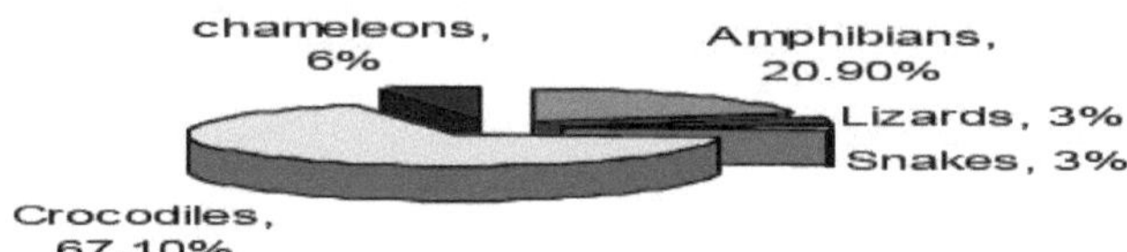

Figura 4.15: Herpetofauna e sua utilização nos três fragmentos florestais.

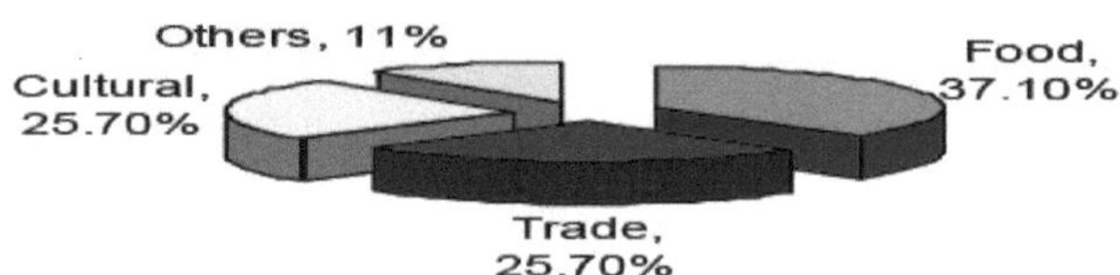

Figura 4.16: Utilização da herpetofauna

4.7.2Habitats da herpetofauna

A comunidade local associou a herpetofauna a vários habitats. 71,5% dos inquiridos associaram-nos a florestas e zonas húmidas, enquanto apenas 28,5% acreditavam que a herpetofauna vivia em matas (Tabela 4.11). A diferença no logaritmo das respostas médias sobre a associação de habitat entre e dentro dos grupos de herpetofauna nas três florestas não foi significativa (ANOVA de uma via: $F2_{,15}$ = 0,8523, $p > 0,05$, Apêndice 6).

Tabela 4.10: Habitats da herpetofauna (%).

Herpetofauna	Florestas	Zonas húmidas	Bush aterra
Anfíbios	41.2	41.2	17.6
Lagartos	43.8	18.8	37.4

	40	27.3	32.7
Serpentes	40	27.3	32.7
Crocodilos	41.7	58.3	0
Camaleões	22.6	29	48.4
Tartaruga	28.6	28.6	42.8
Total de respostas	38.0	33.5	28.5

4.7.3 Conflitos homem-herpetofauna

A análise dos inquiridos mostrou que havia conflitos entre a comunidade e os répteis (especialmente cobras e crocodilos) na área de estudo. De acordo com os inquiridos, os conflitos estão associados a ataques que provocam danos e a morte de pessoas e do seu gado, o que varia consoante os fragmentos florestais. A maioria dos ataques não fatais de crocodilos (42,8%) foi registada na área do Lago Shakababo. Do mesmo modo, a maior parte das mordeduras não fatais de cobras (42,1%) e as mortes devidas a mordeduras fatais de cobras venenosas (45,4%) e os ataques não fatais de crocodilos (35,3%) também foram registados na área de shakababo. No entanto, foram registados incidentes de picadas de cobra e ataques de crocodilo em cada floresta (Quadro 4.12).

Quadro 4.11: Conflitos homem-herpetofauna, especialmente cobras e crocodilos (%)

Ataques	Mchelelo Oeste	Shakababo	Mambo Sasa	Total de respostas
Ataques de crocodilo não mortais	28.6	42.8	28.6	30.9
Mordeduras de serpentes não mortais	31.6	42.1	26.3	27.9
Ataques fatais de crocodilos	35.3	35.3	29.4	25
Mordeduras fatais de cobras	18.2	45.4	36.4	16.2

A diferença no logaritmo das respostas médias sobre os conflitos entre humanos e a herpetofauna (ataques de crocodilos e mordeduras de cobras) entre e dentro de cada uma das três florestas foi significativa (One way ANOVA: $F_{2,9} = 4.671$, $p < 0.05$). Da mesma forma, houve uma diferença significativa no logaritmo das respostas médias sobre os conflitos homem-herpetofauna entre e dentro de Mchelelo West e Shakababo ($F_{1,6} = 0,684$, $p < 0.05$), e Shakababo e Mambo Sasa ($F_{1,6} = 13.21$, $p < 0.05$), mas nenhuma diferença significativa, não houve entre e dentro de Mchelelo West e Mambo Sasa ($F_{1,6} = 0.2574$, $p > 0.05$) (Apêndice 6).

4.7.4 Perceção da comunidade sobre a herpetofauna

Para avaliar a perceção das pessoas sobre a herpetofauna, as respostas foram categorizadas em: (a) inimigo e perigoso (negativo), (b) indiferente (neutro), e (c) amigável e inofensivo (positivo). A maioria dos inquiridos (68,5%) teve uma atitude positiva em relação aos anfíbios e camaleões (28,6%), mas não em relação às cobras (Tabela 4.13). De facto, o camaleão foi o menos apreciado, com 71,4% dos inquiridos a mostrarem indiferença ou perceção neutra. As cobras foram negativamente percepcionadas por 82,8% dos inquiridos. Enquanto 92,6% dos proprietários de terras locais estavam dispostos a tolerar camaleões, nenhum estava disposto a partilhar as suas terras com cobras (Quadro 4.13). A diferença no logaritmo da média das respostas sobre a perceção da comunidade em relação às cobras, camaleões e anfíbios, tanto entre como dentro de cada grupo, não foi significativa (ANOVA unidirecional: $F_{2,9} = 0,9116$, $p > 0,05$, Apêndice 6).

Quadro 4.12: Perceção comunitária das serpentes, camaleões e anfíbios (%).

Perceção	Serpentes	Camaleões	Anfíbios
Negativo	82.8	13.8	3.4
Indiferente/Neutro	9.5	71.4	19.1
Positivo	2.9	28.6	68.5
Herpetofauna a tolerar	0	7.4	92.6

4.7.5 Ameaças à herpetofauna

O estudo revelou que a desflorestação, a pressão da população humana, o sobrepastoreio, as culturas agrícolas, os incêndios, a irrigação e as inundações (catástrofes naturais) foram alguns dos factores que contribuíram para a alteração do habitat, ameaçando os anfíbios e os répteis nos três fragmentos florestais. A avaliação das principais actividades que ameaçam os anfíbios e répteis indicou que 19%, 18% e 15% dos inquiridos classificaram a desflorestação, a pressão da população humana e as culturas agrícolas, respetivamente, como os factores que mais ameaçam os habitats da herpetofauna (Quadro 4.13). A Tabela 4.13 também indica que 51%, 26% e 23% dos inquiridos classificaram Shakababo, Mchelelo West e Mambo Sasa, respetivamente, como os mais ameaçados pelos factores que levam à alteração do habitat da herpetofauna.

Tabela 4.13: Actividades dos factores de alteração/distúrbios do habitat (%).

Atividade	Mchelelo Oeste	Shakababo	Mambo Sasa	Total de respostas
Desflorestação	22.2	50	27.8	18.7
Incêndio	22.2	55.6	22.2	9.4
Sobrepastoreio	28.6	57.1	14.3	14.6
Irrigação	33.3	55.6	11 .1	9.4
Culturas agrícolas	23.5	53	23.5	17.7
População humana pressão	27.8	50	22.2	18.7
Inundações	27.2	36.4	36.4	11.5
Total de respostas	26	51	23	100

A diferença no logaritmo das respostas médias sobre ameaças à herpetofauna entre e dentro de cada uma das três florestas foi significativa (One way ANOVA: $F_{2,21} = 27.73$, $p < 0.05$). Da mesma forma, houve uma diferença significativa no logaritmo das respostas médias sobre as ameaças à herpetofauna entre e dentro de Mchelelo West e Shakababo ($F_{1,14} = 87.71$, $p < 0.05$), e Shakababo e Mambo Sasa ($F_{1,14} = 37.98$, $p < 0.05$), mas nenhuma diferença significativa entre e dentro de Mchelelo West e Mambo Sasa ($F_{1,14} = 2.1$, $p > 0.05$) (Apêndice 6).

4.7.6Conservação e utilização sustentável da herpetofauna

A avaliação das estratégias tradicionais de conservação da herpetofauna indicou que 39%, 32% e 30% dos inquiridos classificaram a conservação das florestas e zonas húmidas e a educação da comunidade, respetivamente. Em Mambo Sasa (47%) e Mchelelo West (44%) dos inquiridos preferiram conservar as zonas húmidas e educar a comunidade como as melhores estratégias para conservar a herpetofauna na área de estudo (Tabela 4.14). Não houve diferença significativa no logaritmo das respostas médias sobre as estratégias tradicionais de conservação da herpetofauna entre e dentro de cada uma das três florestas (One way ANOVA: $F_{2,6} = 0.1791$, $p > 0.05$, Apêndice 6).

Quadro 4.14: Classificação das estratégias de conservação da herpetofauna (%).

Fragmentos florestais	Mchelelo Oeste	Shakababo	Mambo Sasa	Total de respostas
Conservar as florestas	33.3	38.1	28.6	38.9
Conservar as zonas húmidas	17.6	35.3	47.1	31.5
Educar a comunidade	43.8	25	31.2	29.6

A análise das respostas da comunidade mostrou que a criação de crocodilos seria uma atividade principal para a comunidade se o governo concedesse direitos de utilização da fauna bravia, sendo os crocodilos (48,9%) a atividade mais preferida e os camaleões (11,1%) e anfíbios (11,1%) a menos preferida (Tabela 4.15). Não houve diferença significativa no logaritmo das respostas médias sobre a utilização sustentável de crocodilos, camaleões e anfíbios entre e dentro de cada uma das três florestas (ANOVA de um caminho: $F_{2,12} = 0,3421, p > 0,05$, Apêndice 6).

Tabela 4.15: Classificação do grupo herpetofaunístico a ser visado se forem dados direitos de uso da fauna bravia (%).

Herpetofauna	Mchelelo Oeste	Shakababo	Mambo Sasa	Total de respostas
Serpentes	28.6	28.6	42.8	15.6
Crocodilos	31.8	36.4	31.8	48.9
Lagartos	33.3	16.7	50	13.3
Camaleões	40	40	20	11.1
Anfíbios	20	40	40	11.1

CAPÍTULO 5: DEBATE

5.1 Características do habitat

As florestas do baixo rio Tana, na costa do Quénia, representam tipos de florestas tropicais ribeirinhas de terras baixas, sempre verdes, que são raras no Quénia e provavelmente em África. Ao longo dos anos, estas florestas têm sofrido pressões demográficas consideráveis, com a sua utilização a tornar-se insustentável (Owino, *et. al.*, 2008). As características do habitat nas florestas protegidas (Mchelelo West e Mambo Sasa) mediram valores elevados no conteúdo de folhagem; percentagem de cobertura de copa, conteúdo de humidade do solo, densidade de árvores, percentagem de cobertura vegetal, e valores baixos no nível de perturbação, temperaturas e solos ácidos. No entanto, estas características do habitat mediram valores contrários na mancha de floresta não protegida (Shakababo) (Anexo 1). Estas florestas também variavam em tamanho e altitude (Quadro 4.1).

Os resultados também mostram que todas as medidas de características de habitat diferiram significativamente dentro dos locais, exceto a percentagem de cobertura de copa (Mchelelo oeste e Shakababo), densidade de árvores e perturbação da floresta (Mchelelo oeste e Mambo Sasa) (Quadro 4.2). Todas as florestas sofreram diferentes níveis de pressões demográficas e estas podem ter levado a diferenças significativas nas características do habitat nos seus locais. Verificou-se uma tendência comum em que o teor de folhada, a percentagem de cobertura de copa, o teor de humidade do solo, a densidade das árvores, a temperatura e a percentagem de cobertura vegetal aumentaram do exterior para o interior dos fragmentos florestais. Isto pode dever-se provavelmente ao facto de a perturbação e a abertura das florestas terem aumentado do interior para o exterior. Contudo, as características do habitat não diferiram significativamente entre as três florestas, exceto no que se refere ao teor de humidade do solo (Quadro 4.3).

Isto pode sugerir que a maioria das manchas florestais tinha habitats adequados que asseguravam a disponibilidade de alimento e cobertura protetora para as espécies de herpetofauna, mas que ainda são vulneráveis à invasão persistente evidente à sua volta.

Dadas as actuais tendências de crescimento da população humana na zona inferior do rio Tana, a procura de produtos florestais aumentará tremendamente no futuro (Bennun e Njoroge, 1999). As medidas das características do habitat também sugeriram que todas as florestas estavam a sofrer diferentes níveis de perturbação humana, e indicaram variabilidade. As florestas protegidas registaram modificações mínimas. No entanto, Shakababo, que não está protegida, sofreu modificações durante muito tempo através da exploração das suas valiosas espécies de árvores (Anexo 1).

Este estudo mostrou que a invasão, o sobrepastoreio, os incêndios e o corte de árvores eram predominantes em Shakababo, que também tinha densidades consideravelmente elevadas de povoações humanas. Mchelelo West e Mambo Sasa estavam em melhor estado de conservação do que Shakababo, a julgar pelos seus valores elevados de variáveis de habitat e abundância de herpetofauna.

5.2 **Herpetofauna**

A herpetofauna do baixo rio Tana aqui descrita foi recolhida entre altitudes de 13 - 46 m acima do nível do mar. Um total de 2181 indivíduos representando 56 espécies, incluindo 19 anfíbios, e 37 répteis (19 lagartos, 1 crocodilo, 16 cobras, 1 tartaruga) foram registados.

No entanto, 7 espécies previstas de anfíbios *(Arthroleptis stenodactylus, Phrynobatrachus natalensis, Mertensophryne micranotis, Hemisus marmoratus, Hyperolius tuberrilinguis, Leptopelis concolor* e *Hyperolius acuticepsj* e 17 espécies de répteis *(Lygosoma sundevalli, Lygodactylus keniensis, Hemidactylus ruspolii, Agama agama, Gerrhosaurus flavigularis, Gerrhosaurus major, Hemidactylus barbouri, Aparallactus guentheri, Naja pallida, Dendroaspis polylepis, Hemirhagerrhis kelleri, Lamprophis fuliginosus, Lycophidion capensis, Lycophidion depressirostre, Dasypeltis medici lamuensis, Letheobia unitaeniatus* e *Psammophis sudanensis)* foram registados pela primeira vez nesta região. Foram registados 26 indivíduos de *Hyperolius argus* e alguns foram recolhidos perto de poças de água nas florestas de Shakababo e Mambo Sasa durante a estação das chuvas. Este é o segundo registo na costa norte depois de um único exemplar ter sido recolhido em Kipini em 2000 na floresta do delta.

Poderá ocorrer um bom número de herpetofauna na região que não foi recolhido no presente estudo. O aparecimento de algumas espécies, como os cecilianos, é oportunista e só é encontrado através de escavação ativa em micro-habitats adequados. Uma comparação com o trabalho anterior de Malonza *et al.*, (2006), revelou 48% mais espécies, embora o seu levantamento se tenha restringido às florestas da TRPNR. A presença de 56 espécies sugere alta diversidade, mas não foram realizados muitos trabalhos fora das florestas da RPPN para comparação. Os anfíbios foram mais abundantes do que os répteis em todos os fragmentos florestais amostrados, exceto no sul de Guru, que registou os lagartos como a espécie mais abundante. As espécies de anfíbios mais abundantes foram *Ptychadena anchietae, Phrynobatrachus acridoides,* enquanto *Afrixalus fornasini, Leptopelis concolor, Hyperolius acuticeps* foram muito raras.

A maioria dos anfíbios depende de condições relativamente húmidas e precisa de água para depositar os ovos e para o desenvolvimento bem sucedido das larvas e, neste caso, a maioria dos anfíbios são reprodutores sazonais durante os períodos húmidos (Channing e Howell, 2006). Isto poderia provavelmente explicar a mudança na abundância, riqueza e diversidade de espécies de anfíbios durante o período de amostragem, onde foi maior durante a estação húmida do que na estação seca (Tabela 4.5). O maior número de espécies de anfíbios, abundância e diversidade foram registados em Mambo Sasa seguido de Mchelelo West e Shakababo respetivamente (Tabela 4.5).

A maior parte dos anfíbios foi encontrada em micro-habitats húmidos, especialmente debaixo de troncos em decomposição, em folhada, em vegetação verde espessa e em zonas húmidas. Eram menos comuns fora das florestas, onde as temperaturas eram elevadas e a humidade do solo era baixa. Esta poderá ser a razão pela qual a abundância e diversidade de anfíbios foi baixa em Shakababo, onde as temperaturas são elevadas e a humidade do solo é baixa. A maioria dos lagartos foi registada no solo e nas árvores das orlas arenosas da floresta. Outros foram encontrados a aquecer nos locais soalheiros, em cascas de árvores e troncos apodrecidos nas florestas. Espécies de lagartos como *Heliobolus spekii* eram muito abundantes, enquanto outras, como *Gerrhosaurus major, G. flavigularis e Hemidactylus barbouri,* eram muito raras. A maior riqueza, abundância e diversidade de espécies de lagartos foram também registadas durante a estação húmida. Foi também mais elevada em Mchelelo West, seguida de Shakababo e Mambo Sasa, respetivamente (Quadro 4.6).

As serpentes foram as menos abundantes em todos os fragmentos florestais. Também foram encontradas a escavar debaixo ou entre os espaços dos troncos em decomposição, que estavam húmidos e com temperaturas baixas.

Outras foram encontradas de manhã cedo a aquecer-se nos lados e no cimo dos arbustos. Todas as espécies de serpentes eram raras. A maior riqueza, abundância e diversidade de espécies de cobras foram registadas em Mchelelo West, seguido de Shakababo. Não foram registadas cobras em Mambo Sasa (Quadro 4.7). Foi difícil localizar répteis em Mambo Sasa devido à elevada cobertura de vegetação, mas foi fácil na floresta de Shakababo, pois estava aberta.

A riqueza, abundância e diversidade de espécies da herpetofauna variaram de uma floresta para outra e, em comparação com os três fragmentos florestais seleccionados, Mchelelo west teve o valor mais elevado. Seguiram-se Shakababo e Mambo Sasa, respetivamente, tal como refletido nos valores mais elevados de riqueza de espécies e índice de diversidade de Shannon-Wiener (Quadro 4.9 e Fig. 4.2). A floresta de Mchelelo Oeste apresentou a diversidade mais elevada, possivelmente porque é a floresta mais bem protegida (a floresta de Mchelelo Oeste está na TRPNR sob a alçada do Serviço de Vida Selvagem do Quénia (KWS) e possui habitats adequados. Esta mancha florestal foi objeto de modificações mínimas e, para manter e preservar a sua diversidade, é necessário conservá-la.

De um modo geral, a perda e a fragmentação do habitat natural estão entre as ameaças mais graves à biodiversidade (Owino, *et. al.,* 2008). Para a maioria dos organismos dependentes da floresta, essas alterações do habitat representam ameaças significativas à sustentabilidade do ecossistema e têm implicações directas na qualidade dos habitats de que os organismos dependem (Davis, 2004, Githiru e Lens, 2007). A distribuição diferenciada observada, com algumas espécies a ocorrerem apenas em algumas manchas e não noutras, pode sugerir a sensibilidade dessas espécies de herpetofauna a alterações específicas do habitat (Anexo 2). Foi evidente que algumas espécies foram encontradas em algumas florestas da zona e não noutras. Este facto pode dever-se à redução do sucesso reprodutor, que também é provável à medida que os habitats adequados diminuem. Por conseguinte, é importante que um grande conjunto de manchas mais ou menos interligadas seja mantido sob proteção.

5.3 Influência das variáveis do habitat na herpetofauna

Mchelelo West era a mais pequena em tamanho, mas tinha a maior diversidade e abundância de herpetofauna, especialmente espécies de répteis (espécies de lagartos e cobras) do que as outras florestas. Contudo, é provável que a redução contínua do tamanho das manchas florestais afecte os requisitos ecológicos da herpetofauna. Apesar de Mambo Sasa ter uma maior diversidade de anfíbios em comparação com Mchelelo west, a diferença não foi significativa. O número de espécies de lagartos e cobras, a diversidade e a abundância diminuíram com o aumento do tamanho da floresta (Figs. 4.3, 4.4, 4.6, 4.7, 4.12 e 4.13).

Os efeitos totais da vegetação natural, especialmente da floresta substituída por culturas agrícolas (perturbações) na diversidade de anfíbios ainda não são claros, mas os dados disponíveis sugerem que as respostas das espécies às perturbações do habitat não são uniformes (Poynton, 1999). Tanto Mchelelo como Mambo Sasa tinham características de habitats razoavelmente bons, a julgar pelos seus valores elevados de teor de folhada, cobertura de copa, cobertura vegetal, densidade de árvores e teor de humidade do solo. Estas florestas apresentavam uma elevada riqueza, abundância e diversidade de espécies de anfíbios. A riqueza, diversidade e abundância de espécies de anfíbios aumentaram com o aumento da percentagem de coberto vegetal (Figs. 4.5, 4.10 e 4.14). A abundância de espécies de anfíbios também aumentou com o aumento da percentagem de coberto vegetal, mas diminuiu com o aumento da temperatura e das perturbações florestais (Figs. 4.8, 4.9 e 4.11).

Embora o Mambo Sasa tenha registado poucos répteis (não foram registadas cobras), isso não significa necessariamente que não existam. O habitat era adequado para serpentes, embora fosse difícil de procurar devido à espessa cobertura vegetal. Recomenda-se mais trabalho para procurar serpentes nesta floresta. Pelo contrário, foi fácil procurar répteis em Shakababo, que tinha uma cobertura vegetal aberta devido à sua perturbação. O teor de humidade e a temperatura do solo não eram adequados para os anfíbios em Shakababo, exceto perto do lago Shakababo, que garantia a disponibilidade de locais de refúgio em períodos de stress de humidade.

5.4 **Significado socioeconómico**

Nos últimos anos, desenvolveu-se um comércio mundial de herpetofauna e, na África Oriental, milhares de algumas espécies foram enviadas para o estrangeiro (Channing e Howell, 2006). A Convenção sobre o Comércio Internacional das Espécies da Fauna e da Flora Selvagens Ameaçadas de Extinção (CITES) controla o comércio internacional de espécies ameaçadas de extinção e estabelece listas de espécies para as quais é necessário monitorizar e controlar o comércio (Channing e Howell, 2006). Nesta região, os diferentes grupos de herpetofauna são utilizados de forma diferente pela população local. Por exemplo, os crocodilos são utilizados como alimento (carne), os ovos são vendidos a quintas de crocodilos, os seus dentes são utilizados para tratar feridas de crocodilos, as suas partes privadas são utilizadas como porções de amor, a bílis é utilizada para tratar o cancro associado ao VIH.

Vários autores citaram a utilização de anfíbios e répteis (Patterson, 1987, Pough *et al.*, 1998, Zug *et. al.*, 2001 e Channing e Howell, 2006). Infelizmente, esta utilização para o mercado mundial de alimentos de luxo e para o comércio de animais de estimação é geralmente efectuada sem ter em conta a dinâmica das populações locais, o que leva ao esgotamento das populações selvagens (Pough *et. al.*, 1998). Nesta região, os usos mais preferidos da herpetofauna são a alimentação, o comércio e os usos culturais. Em algumas partes da África Oriental, as espécies maiores de rãs, como as rãs-touro (género *Pyxicephalus),* são consumidas (Channing e Howell, 2006). Contudo, nesta região as rãs são usadas como isco para a pesca; as suas cinzas queimadas são usadas para tratar a asma e também são usadas como indicadores de chuva. As cinzas queimadas dos camaleões e as cabeças de cobra são culturalmente utilizadas na feitiçaria. As cinzas de cobra também são utilizadas para fazer veneno de ponta de flecha para a caça. Os crocodilos foram considerados como a herpetofauna mais importante, uma vez que podem ser criados e utilizados para alimentação, turismo, comércio dos seus produtos e utilização cultural. Nesta região, a utilização desta herpetofauna não é suscetível de ter um efeito grave sobre as espécies no seu conjunto, mas pode resultar no esgotamento das populações locais.

Foram registados conflitos entre a comunidade e répteis (especialmente cobras e crocodilos) nas áreas de estudo, muitos dos quais eram conflitos entre crocodilos e humanos e entre cobras e humanos. O comportamento humano em relação aos animais é influenciado por percepções culturais, de tal forma que os animais que são tidos em consideração são protegidos e os animais associados ao mal são frequentemente mortos (Pough *et. al.,* 1998). As respostas de perceção dadas pelos inquiridos neste estudo indicaram uma perceção negativa, neutra e positiva em relação às cobras, camaleões e anfíbios, respetivamente.

Em algumas partes do mundo, as rãs são veneradas porque se pensa que possuem poderes sobrenaturais. A alternância entre o aparecimento e o desaparecimento de populações de rãs e a sua metamorfose aparentemente mágica levaram ao culto das rãs como símbolos de fertilidade, ressurreição e criação (Pough *et. al.,* 1998). Do mesmo modo, neste estudo, a maioria das pessoas toleraria mais os anfíbios do que os camaleões e as cobras. A dicotomia de perceção é especialmente forte no que respeita às serpentes. Estas têm sido uma fonte de fascínio e de medo para os seres humanos e esta pode ser a razão pela qual a maioria das pessoas não as tolera.

5.5 Conservação

A perda e a degradação contínuas das florestas no baixo rio Tana, na costa do Quénia, representam um desafio em termos de conservação. Em geral, considera-se que a utilização das florestas e a biodiversidade dentro e fora das zonas protegidas são insustentáveis, apesar do estatuto de proteção (Owino, *et. al.,* 2008). As manchas florestais são exploradas pela população local principalmente para lenha, madeira, medicamentos tradicionais e cervejas locais. Algumas destas árvores que são alvo de exploração são importantes para fornecer microhabitats adequados para a herpetofauna. No entanto, com o aumento da população humana dentro e à volta das áreas protegidas, é provável que haja mais riscos de práticas de utilização não sustentável.

Este estudo fornece informação básica necessária para acções de conservação utilizando a herpetofauna como taxa chave nas florestas do baixo rio Tana. Shakababo e outros fragmentos florestais (que apresentavam grande diversidade) que não estão protegidos precisam de ser geridos pelas autoridades para que os recursos sejam utilizados de forma sustentável. Quaisquer que sejam as medidas a tomar para conservar as florestas, deve ser dada atenção às necessidades da população local. Estas não apoiam a ideia de proteger as florestas por medo de serem expulsas e deslocadas para outras áreas. Por conseguinte, os conservacionistas e as instituições de investigação, especialmente o KWS, o KFS e as instituições não governamentais, têm de abordar este problema de forma adequada, a fim de obter uma atitude positiva por parte das comunidades locais.

Vários autores citaram várias ameaças aos anfíbios e répteis que resultam das pressões do crescimento da população humana e do desenvolvimento económico (Patterson, 1987, Pough *et. al.,* 1998 e Zug *et. al.,* 2001). Embora as manchas florestais na reserva estejam legalmente protegidas, continuam a sofrer pressões humanas, tal como outras manchas localizadas fora da reserva (Owino *et. al.,* 2008). O estado de proteção destas florestas mais baixas tem de ser melhorado. O estudo revelou que a desflorestação, a pressão da população humana, o sobrepastoreio, as culturas agrícolas, os incêndios, a irrigação e as inundações (catástrofes naturais) são algumas das actividades que contribuem para a alteração do habitat, ameaçando os anfíbios e os répteis nos três fragmentos florestais estudados. As principais actividades que mais ameaçam os anfíbios e os répteis foram indicadas como a desflorestação, a pressão da população humana e as culturas agrícolas, respetivamente.

A variação na diversidade herpetofaunística pode ter refletido os diferentes níveis de perturbação entre as florestas protegidas e não protegidas. O habitat mais ameaçado foi Shakababo e foi a floresta mais perturbada entre os três fragmentos florestais estudados.

O efeito do fogo é bastante prejudicial para a herpetofauna, que vive predominantemente no solo. Destrói o conteúdo de folhagem, a vegetação rasteira e o coberto vegetal, interferindo com o equilíbrio da humidade do solo no ecossistema e eliminando os artrópodes, a principal fonte de alimento dos anfíbios. Isto também afecta os répteis que se alimentam dos anfíbios.

Um grande número de animais está associado a um chafurdar prolongado que pode danificar as comunidades de girinos residentes. Nas florestas do baixo rio Tana, a situação agrava-se durante a estação seca, uma vez que um grande número de animais se reúne em torno das zonas de água. Estas florestas são utilizadas pelos pastores como refúgios durante a estação seca.

A remoção total de todas as árvores e a destruição associada da vegetação do sub-bosque, bem como a perturbação generalizada do coberto vegetal, expõem o solo à luz solar direta, resultando em alterações microclimáticas que são letais para os anfíbios (Zug *et. al.,* 2001). As culturas agrícolas são susceptíveis de implicar a remoção total do coberto vegetal e da folhada, dependendo do método inicial de preparação do solo. As espécies cultivadas são também exóticas, e estas zonas agrícolas foram criadas à custa de habitats naturais mais adequados à herpetofauna (Bennun e Njoroge, 1995). Alguns agroquímicos actuam como hormonas que interferem com a reprodução dos anfíbios, perturbando o desenvolvimento normal dos seus órgãos produtivos (Channing e Howell, 2006).

Pough *et. al.,* (1998), também indicou que os químicos agrícolas são a possível causa do declínio de alguns anfíbios. Para além da comunidade Pokomo que cultiva ao longo das margens do rio, os esquemas de irrigação de arroz e o projeto de cana-de-açúcar proposto são também uma ameaça para os habitats de herpetofauna nesta região. Esta poderia ser uma das razões para explicar a baixa abundância e diversidade de espécies de anfíbios em florestas não protegidas.

De acordo com Zug *et al.* (2001), as perturbações naturais, como inundações, deslizamentos de terras e incêndios, ocorrem regularmente em todos os ecossistemas e podem promover a ocorrência regular de perturbações em zonas com elevada diversidade de espécies e comunidades. As florestas do baixo rio Tana situam-se numa planície de inundação com ciclos de inundação de longa duração associados ao fenómeno El Niño (Bennun e Njoroge, 1999).

Esta situação pode ser prejudicial para os répteis que vivem no solo, embora as inundações não sejam frequentes. Pode também resultar em padrões de movimento incompletos dos anfíbios, que são necessários para o êxito da sua reprodução e dispersão quando perturbados pelas cheias.

Ao considerar várias estratégias para conservar a herpetofauna, a maioria das pessoas preferiu conservar as florestas e as zonas húmidas e educar a comunidade, respetivamente, embora a maioria das pessoas em Mambo Sasa e Mchelelo West preferisse conservar as zonas húmidas e educar a comunidade. Este conhecimento local é importante para a conservação e envolvimento das comunidades na conservação da herpetofauna no baixo rio Tana.

Uma consequência do esgotamento da população de crocodilos selvagens tem sido o aparecimento de "quintas" de crocodilos. Para além de serem atracções turísticas, desempenhando assim um papel educativo na medida em que são mostrados aos visitantes os aspectos ecologicamente benéficos do crocodilo, criam oportunidades de emprego e ajudam a salvaguardar as populações selvagens (Patterson, 1987). Da mesma forma, as comunidades do baixo rio Tana visariam os crocodilos para conservação e uso sustentável se o governo lhes desse direitos de utilização da vida selvagem. Eles preferem-nos pela sua capacidade de serem conservados e utilizados de forma sustentável. Podem ser cultivados e utilizados para alimentação, turismo, comércio dos seus produtos e uso cultural.

CAPÍTULO 6: CONCLUSÃO E RECOMENDAÇÕES

6.1 Conclusões

Este é o primeiro estudo a fornecer dados sobre a diversidade e abundância de espécies de herpetofauna nas florestas do baixo rio Tana. É um passo positivo em direção aos pedidos de avaliação da diversidade, abundância e ameaças à herpetofauna da África Oriental devido à crescente preocupação com o declínio global, especialmente das populações de anfíbios. A partir deste estudo, observou-se que:-

- Os fragmentos florestais do baixo rio Tana estudados contêm uma elevada diversidade de herpetofauna que varia de um fragmento florestal para outro.

- Todas as florestas estudadas apresentam uma herpetofauna moderadamente rica, caraterística das florestas costeiras. Mas são necessárias medidas de conservação urgentes para salvar esta herpetofauna das ameaças da desflorestação e da degradação.

- Algumas variáveis do habitat, de magnitude diversa, podem influenciar os padrões de diversidade e abundância da herpetofauna.

- As espécies de répteis podem variar consoante a abertura da floresta.

- Os esforços de conservação nas florestas do baixo rio Tana devem trabalhar dentro da cultura da região para serem bem sucedidos. Isto deve-se ao preconceito cultural a que uma pessoa está exposta, podendo ter uma atitude positiva ou negativa em relação aos anfíbios e répteis que influenciaria a sua probabilidade de acreditar que estes animais merecem ser conservados.

6.2.0 Recomendações

A fim de melhorar a conservação da herpetofauna do baixo rio Tana, devem ser tidas em conta as seguintes considerações

6.2.1 Investigação

O nosso conhecimento da herpetofauna da região do baixo rio Tana continua a ser pobre e, por isso, é necessário um trabalho herpetológico mais aprofundado, especialmente no que respeita à zoogeografia, comportamento e ecologia do habitat de diferentes espécies de herpetofauna nas várias florestas. Também é necessário efetuar mais estudos quantitativos deste tipo, a fim de estabelecer comparações entre diferentes áreas ecológicas. Isto também é importante para estabelecer o estado de conservação da herpetofauna nas florestas costeiras.

Em comparação com outros grupos de vertebrados, os anfíbios e répteis da África Oriental são muito pouco estudados e insuficientemente conhecidos. A fim de fornecer dados de conservação para definir prioridades de conservação, é necessário obter informações básicas sobre a diversidade e a comunidade dos anfíbios e répteis da floresta.

É necessária investigação centrada na monitorização do habitat em manchas florestais protegidas e não protegidas. Para o efeito, é necessário trabalhar em estreita colaboração com as populações locais.

6.2.2 Acções de conservação

Para eliminar uma eventual sobre-exploração das florestas, incentivada por problemas económicos relativos a espécies arbóreas valiosas e por problemas domésticos, os conservacionistas devem desenvolver acções de conservação que incentivem a plantação de árvores autóctones.

Uma vez que a comunidade de herpetofauna depende da existência destas florestas ribeirinhas, que enfrentam um problema de aumento da população humana, entre outros, as estratégias de gestão podem ser difíceis de trabalhar. Por conseguinte, as acções de gestão a implementar devem envolver totalmente a população local para minimizar a sua dependência dos recursos florestais. Os problemas resultantes de conflitos entre humanos e herpetofauna também devem ser resolvidos através de serviços médicos adequados.

O maior número de espécies, e o maior número de espécies endémicas, ocorrem nas florestas, as do Arco Oriental e as florestas costeiras foram designadas como um dos dez maiores hotspots de biodiversidade do mundo. Assim, um dos principais desafios para o futuro é assegurar que os habitats que contêm uma elevada biodiversidade de anfíbios sejam incluídos na rede de áreas protegidas da África Oriental, constituída por parques nacionais e outras categorias de áreas protegidas, como as reservas naturais.

Manter a herpetofauna à vista do público, utilizando os conhecimentos e nomes indígenas para ajudar a popularizar a herpetofauna e torná-la mais familiar para as comunidades locais na região do baixo rio Tana. Envolver as comunidades próximas dos fragmentos florestais na conservação dos habitats para a herpetofauna.

Assegurar que a herpetofauna receba a atenção e a consideração necessárias ao planear e implementar projectos de desenvolvimento, especialmente os que envolvem agricultura (projectos de arroz e cana-de-açúcar) e iniciar projectos para monitorizar populações para detetar alterações a curto e longo prazo na herpetofauna.

Monitorizar a utilização de crocodilos na região e, se for caso disso, utilizar a legislação nacional existente para garantir que a utilização é sustentável.

REFERÊNCIAS

Arne, S., (1999). Rãs arbóreas de África. Warlich Druck, Meckenheim, Alemanha.

Bennun, L. e Njoroge, P., (1999). Important Bird Areas in Kenya. Sociedade de História Natural da África Oriental.

Butynski, T. e Mwangi, G., (1995). Censo do colobus vermelho e do mangabey de crista, em perigo de extinção, no Quénia. *Primatas africanos* 1 **(1): 8-10.**

Branch, B., (1988). Field Guide to the Snakes and other Reptiles of Southern Africa (Guia de Campo das Serpentes e outros Répteis da África Austral). Struik Publishers, Cidade do Cabo.

Channing, A. e Howell, K. M., (2006). Amphibians of East Africa. Cornell University Press. Ithaca, Nova Iorque.

Cox, G. W., (1990). Laboratory Manual of General Ecology. Wm Brown Publishers. Dubuque.

Crawshaw, G. J., (1997). Disease in Canadian amphibian populations. *Em* "Amphibians in decline. Canadian Studies of a Global Problem" (D. M. Green, Ed.) pp. 258270. *Herpetol. Conserv.* **1.**

Davis, S. K., (2004). Area sensitivity in grassland passerines: effects of patch size, patch shape, and vegetation structure on bird abundance and occurance in southern Saskatchewan. *Auk* **121**: 1130-1145.

Heyer, W. R., Donnelly, M. A., Diarmid, M. R. W, Hayek, L. A. C., e Foster, M. S., (eds.) (1994). Measuring and Monitoring Biological Diversity: Standard Methods for Amphibians. Smithsonian Institution Press, Washington D.C.

Gibbs J. P., (1998). Distribuição de anfíbios da floresta ao longo de um gradiente de fragmentação florestal. *Landscape ecology Ecol.* **13**: 263-268.

Githiru, M. e Lens, L., (2007). Aplicação da investigação sobre fragmentação ao planeamento da conservação para múltiplos intervenientes: Um exemplo das Taita Hills, sudeste do Quénia. *Biological Conservation* **134**: 271-278.

Karns, D. R., (1986). Field Herpetology: Methods for the study of Amphibians and Reptiles in Minnesota. *James Ford Bell Museum of Natural History, University of Minnesota, Occasional Paper:* No. **18**

Loveridge, A., (1936a). Resultados científicos de uma expedição a regiões de floresta tropical na África Oriental. V Répteis. *Boletim do Museu de Zoologia Comparada, Harvard* **79**: 209-337.

Loveridge, A., (1936b). Resultados científicos de uma expedição a regiões de floresta tropical na África Oriental. VII Anfíbios. *Bulletin of Museum of Comparative Zoology, Harvard* **79**: 369-430.

Loveridge, A., (1957). Checklist of the reptiles and amphibians of East Africa (Uganda, Kenya, Tanganyika, Zanzibar). *Boletim do Museu de Zoologia Comparativa. Zoology. Harvard.* **117** (2): 153-360

Malonza P. K., Wasonga V. D., Muchai V., Rotich D., Bwong B. A., Bauer A. M., (2006). Diversidade e Biogeografia da Herpetofauna da Reserva Nacional de Primatas do Rio Tana, Quénia. Jornal de História Natural da África Oriental **95** (2): 95 -109.

Myers, N., Mittermeier, R. A., Mittermeier, C. G., Da Fosceca, G. A. B., Kent, J., (2000). Hotspots de biodiversidade para prioridades de conservação. Nature 403, 853 -858.

Ochiago, O. W., (1990). O colubo vermelho do rio Tana *(Colobus badius rufomitratus')* Utafiti **3**: 1-5.

Owino, A. O., Amutete, G., Mulwa, R. K. e Oyugi, J. O., (2008). Estruturas de manchas florestais e composição de espécies de aves de uma floresta costeira ribeirinha de baixa altitude no Quénia. *Tropical Conservation Science* Volume 1**(3): 242-264.

Poyton, J. C., (1999). Distribuição de anfíbios na África subsariana, Madagáscar e Sweychelles. In: Duellman WE (Ed): Patterns of distribution of amphibians. John Hopkins University press, Baltimore, pp 483 - 540.

Patterson, R., (1987). Reptiles of South Africa (Répteis da África do Sul). C. Struik Publishers.

Cidade do Cabo.

Pough, F. H., Andrews, R. M., Cadle, J. E., Crump, M.L., Savitzky, A.H., Wells, K. D., (1998). Herpetologia. Prentice Hall, Inc. New Jersey.

Roberton, S. A. e Luke, W. R. Q., (1993). As florestas costeiras. O relatório do inquérito NMK/WWF sobre as florestas costeiras. Nairobi. World Wide Fund for Nature.

Seal, U. S., Lacy, R. C., Medley, K, Seal, R. e Foose, T. J., (1991). *Workshop de Conservação da Reserva de Primatas do Rio Tana, 26-29 de outubro. Relatório do Workshop.* Nairobi: Grupo de Especialistas em Reprodução em Cativeiro da IUCN.

Spawls, S. K., Howell, R., Drewes, e Ashe, J., (2002). A field Guide to the Reptiles of East Africa. Quénia, Tanzânia, Uganda, Ruanda e Burundi. Academic Press.

Sutherland, W.J. (ed.) (1996). *Ecological Census Techniques*: *A handbook.* Cambridge University Press, Cambridge, Reino Unido.

Wasonga, D. V., Bekele, A., Lotters, S. e Balakrishnan, M., (2006). Amphibian abundance and diversity in Meru National Park, Kenya. Blackwell publishing ltd. *Afri. J. Ecol.* Doi: 1111/j.1365 - 2028. 2006.00677.x

Zar, J. H., (1996). Biostatistical analysis. Prentice Hall International Inc. New Jersey, U. S.

Zug, R. G., Laurien, J. V., e Janalee P. C., (2001). Herpetology. *An Introductory Biology of Amphibians and Reptiles 2nd . Edição.* Imprensa académica. San Diego, San Francisco, Nova Iorque, Boston, Londres, Sydney e Tóquio.

APÊNDICES

Apêndice 1: Características do habitat nas três florestas estudadas.

Características do habitat		Mchelelo Oeste	Shakababo	Mambo Sasa
Dimensão da floresta (ha)		17	407	3937.6
Conteúdo do lixo (g/0,25m)^2	No exterior	62.04	360.57	142.46
	Borda	479.6	375.5	576.46
	No interior	1521	541.29	790.14
Percentagem cobertura do dossel	No exterior	5	4	8
	Borda	42	30	40
	No interior	95	60	80
Humidade do solo conteúdo	No exterior	2.5	1.5	1.5
	Borda	3	1.5	2
	No interior	3	2	2
pH do solo	No exterior	6.89	5.97	5.96
	Borda	7.66	5.89	6.16
	No interior	5.64	6.09	6.22
Densidade das árvores (N.º /100m)^2	No exterior	4	2	4
	Borda	25	4	8
	No interior	33	18	30
Temperatura (C)$^\circ$	No exterior	27.8	31.6	27.65
	Borda	24.65	26.45	25.5
	No interior	24.05	25.65	24.75
Percentagem vegetação cobertura	No exterior	50	50	65
	Borda	82	60	80
	No interior	84	80	95
Floresta perturbação	No exterior	5	10	6
	Borda	3	5	2
	No interior	2	4	2

Apêndice 2: Ocorrência de espécies de herpetofauna nas diferentes florestas estudadas:

(1) Guru Norte; (2) Guru Sul; (3) Mchelelo Oeste; (4) Congolani; (5) Hewani Sul; (6) Shakababo; (7) Mambo Sasa; (8) Kipini.

Higher taxa	Family	Genera/Species	1	2	3	4	5	6	7	8
Class Amphibia Order Anura	Bufonidae	*Amietophrynus maculatus*	10	26	59	2	0	0	0	0
		A. steindachneri	0	5	18	0	8	23	14	0
		A. xeros	51	12	32	0	0	0	0	0
		A. gutturalis	0	0	3	0	0	10	5	0
		Mertensophryne micranotis	0	3	0	0	0	0	96	0
	Ptychadenidae	*Ptychadena schillukorum*	0	18	3	0	0	21	0	0
		P. anchietae	64	39	31	0	64	39	88	1
		P. mossambica	0	4	81	2	0	0	0	2
		P. macsareniensis	0	0	0	0	26	0	38	0
	Petropetidae	*Phrynobatrachus acridoides*	4	8	108	0	84	0	71	0
		P. natalensis	2	0	6	0	78	7	16	0
		Arthroleptis stenodactylus	0	7	0	0	4	4	91	0
		Hydrophylax galamensis	0	0	14	0	0	0	2	0
	Hemisotidae	*Hemisus marmoratus*	5	12	30	0	13	26	15	0
	Heperolidae	*Afrixalus fornasini*	0	0	0	0	0	0	6	0
		Hyperolius argus	0	0	0	0	0	6	20	0
		H. tuberilinguis	0	0	0	0	0	0	11	0
		H. acuticeps	0	0	0	0	0	3	0	0
		Leptopelis concolor	0	0	0	0	0	1	4	0
Class Reptilia Order Chelonidae	Testudinidae	*Kinixys belliana*	0	0	1	0	0	0	1	0
Order		*Heliobolus spekii*	26	70	66		6	47	11	

Order	Family	Species								
Lacertilia	Lacertidae					1				0
	Gekkonidae	*Latastia longicaudata*	2	21	17	0	0	3	0	0
		Lygodactylus picturatus	0	27	9	0	0	35	0	0
		L. keniensis	19	0	0	0	20	1	0	0
		Hemidactylus brooki	0	4	2	0	0	1	0	0
		H. platycephalus	8	5	0	0	4	1	1	0
		H. mabouia	0	6	15	0	9	3	0	0
		H. ruspolii	0	1	2	0	0	0	0	0
		H. barbouri	0	0	0	1	0	0	0	0
	Agamidae	*Agama agama*	0	0	3	0	3	0	0	0
	Scincidae	*Lygosoma sundevalli*	0	4	4	0	0	3	1	1
		Trychylepis varia	0	0	12	0	9	0	10	0
		T. maculilabris	5	4	10	0	0	3	0	0
		T. striata	3	5	3	0	1	0	0	0
	Varanidae	*Varanus niloticus*	1	5	0	0	3	0	0	0
		Gerrhosaurus major	0	0	2	0	0	0	0	0
		G. flavigularis	0	0	0	0	0	1	0	0
	Chamaeleonidae									
		Chamaeleo roperi	0	0	0	0	1	1	1	0
		Rieppeleon kerstenii	0	0	0	0	0	1	0	0
Order Serpentes	Atractaspididae	*Aparallactus quentheri*	0	0	1	0	0	0	0	0
	Colubridae	*Dendroaspis polylepis*	0	0	1	0	0	0	0	0
		Letheobia unitaeniatus	0	1	1	0	0	0	0	0
		Lycophidion capense	0	0	0	0	0	0	0	1
		L. depressirostre	0	1	0	0	0	0	0	0
		Philothamnus punctatus	0	0	0	0	1	1	0	0
		P. hoplogaster	2	0	0	0	0	0	0	0
			0	3	2		0	1	0	

			C1	C2	C3	C4	C5	C6	C7	C8
		Lamphrophis fuliginosus				2				0
	Viperidae	*Causus resimus*	0	0	1	0	1	0	0	0
		Psammophis orientalis	0	0	1	0	0	1	0	0
		P. sudanensis	0	0	0	0	0	2	0	0
		Dasypeltis medici lamuensis	0	0	1	0	0	0	0	0
		Crotaphopelties hotamboeia	0	0	2	0	0	0	0	0
		Philothamnus spp.	0	0	0	0	1	0	0	0
		Hemirhagerrhis kelleri	1	0	0	0	0	0	0	0
	Elapidae	*Naja pallida*	0	1	0	0	0	0	0	0
Order Crocodylia	Crocodylidae	*Crocodylus niloticus*	0	36	13	0	0	0	0	0
Total individuals in all the sampled			2181							

Apêndice 3: Análise de regressão ANOVA entre as características do habitat e a riqueza de espécies.

Variáveis do habitat	Herpetofauna	Valor F	R^2	df	Valor P
Dimensão da floresta (ha)	Anfíbios	0.655	0.396	1	0.567
	Lagartos	6.7	0.863	1	0.241
	Serpentes	7.34	0.88	1	0.225
Teor de folhada (g/0,25m)^2	Anfíbios	0.0091	0.009	1	0.939
	Lagartos	0.195	0.162	1	0.735
	Serpentes	0.22	0.182	1	0.719
Percentagem de cobertura do dossel	Anfíbios	0.38	0.277	1	0.647
	Lagartos	0.002	0.002	1	0.972
	Serpentes	0.0003	0.0003	1	0.989
Teor de humidade do solo	Anfíbios	0.007	0.007	1	0.946
	Lagartos	0.459	0.315	1	0.621
	Serpentes	0.51	0.34	1	0.605
pH do solo	Anfíbios	0.008	0.008	1	0.942
	Lagartos	0.474	0.32	1	0.617
	Serpentes	0.528	0.35	1	0.599
Intensidade das árvores (N.º /100m)^2	Anfíbios	0.154	0.133	1	0.76
	Lagartos	0.019	0.018	1	0.913
	Serpentes	0.027	0.026	1	0.896

Temperatura (C)°	Anfíbios	0.47	0.32	1	0.62
	Lagartos	0.008	0.008	1	0.943
	Serpentes	0.004	0.004	1	0.960
Percentagem de coberto vegetal	Anfíbios	10.13	0.91	1	0.19
	Lagartos	0.887	0.46	1	0.517
	Serpentes	0.887	0.47	1	0.519
Perturbação (pontuação)	Anfíbios	1.055	0.51	1	0.491
	Lagartos	0.087	0.089	1	0.816
	Serpentes	0.07	0.067	1	0.833

Apêndice 4: Análise de regressão ANOVA entre as características do habitat e a abundância de espécies

Variáveis do habitat	Herpetofauna	Valor F	R^2	df	P - valor
Dimensão da floresta (ha)	Anfíbios	0.005	0.004	1	0.955
	Lagartos	4.97	0.83	1	0.26
	Serpentes	6.67	0.87	1	0.235
Teor de folhada (g/0,25m $)^2$	Anfíbios	0.743	0.43	1	0.547
	Lagartos	0.148	0.129	1	0.77
	Serpentes	0.198	0.165	1	0.732
Percentagem de cobertura do dossel	Anfíbios	0.539	0.844	1	0.25
	Lagartos	0.007	0.007	1	0.945
	Serpentes	0.001	0.001	1	0.979
Teor de humidade do solo	Anfíbios	0.33	0.25	1	0.665
	Lagartos	0.38	0.26	1	0.648
	Serpentes	0.48	0.32	1	0.61
pH do solo	Anfíbios	0.335	0.25	1	0.665
	Lagartos	0.28	0.28	1	0.647
	Serpentes	0.48	0.32	1	0.614
Intensidade das árvores (N.º /100m $)^2$	Anfíbios	2.26	0.69	1	0.373
	Lagartos	0.009	0.009	1	0.940
	Serpentes	0.021	0.021	1	0.906
Temperatura (C)°	Anfíbios	7.09	0.88	1	0.229
	Lagartos	0.017	0.017	1	0.915
	Serpentes	0.0065	0.0065	1	0.948
Percentagem de coberto vegetal	Anfíbios	9.468	0.905	1	0.200

	Lagartos	1.0886	0.52	1	0.49
	Serpentes	0.882	0.47	1	0.52
Perturbação (pontuação)	Anfíbios	37.5	0.974	1	0.103
	Lagartos	0.117	0.105	1	0.790
	Serpentes	0.081	0.075	1	0.82

Apêndice 5: Resultados da análise ANOVA de regressão entre as características do habitat e a diversidade de espécies

Variáveis do habitat	Herpetofauna	*Valor* F	R^2	df	Valor *P*
Dimensão da floresta (ha)	Anfíbios	0.841	0.457	1	0.527
	Lagartos	7805	0.999	1	0.007
	Serpentes	8.082	0.889	1	0.215
Teor de folhada (g/0,25m)^2	Anfíbios	0.001	0.001	1	0.979
	Lagartos	0.991	0.497	1	0.501
	Serpentes	0.241	0.194	1	0.709
Percentagem de cobertura do dossel	Anfíbios	0.287	0.223	1	0.686
	Lagartos	0.113	0.101	1	0.793
	Serpentes	0.00004	0.00004	1	0.998
Teor de humidade do solo	Anfíbios	0.021	0.021	1	0.906
	Lagartos	2.069	0.674	1	0.386
	Serpentes	0.546	0.353	1	0.594
pH do solo	Anfíbios	0.023	0.023	1	0.902
	Lagartos	2.134	0.68	1	0.382
	Serpentes	0.562	0.36	1	0.590
Intensidade das árvores (N.º /100m)^2	Anfíbios	0.104	0.094	1	0.801
	Lagartos	0.305	0.234	1	0.679
	Serpentes	0.032	0.0. 031	1	0.887
Temperatura (C)^o	Anfíbios	0.359	0.264	1	0.656
	Lagartos	0.081	0.075	1	0.823
	Serpentes	0.002	0.002	1	0.968
Percentagem de coberto vegetal	Anfíbios	6.8002	0.872	1	0.233
	Lagartos	0.166	0.142	1	0.753
	Serpentes	0.752	0.429	1	0.545
Perturbação (pontuação)	Anfíbios	0.824	0.451	1	0.531
	Lagartos	0.006	0.006	1	0.949

| | Serpentes | 0.064 | 0.0597 | 1 | 0.843 |

Apêndice 6: ANOVA de uma via das respostas sobre o significado cultural e as ameaças à herpetofauna.

Herpetofauna	Valor F	df	p - valor
Utilização e preferência	0.7107	3	0.5597
Habitats	0.8523	2	0.4461
Conflitos com a comunidade	4.671	2	0.0406
Mchelelo West e Shakababo	6.684	1	0.041
Shakababo e Mambo Sasa	13.21	1	0.0109
Mchelelo West e Mambo Sasa	0.2574	1	0.63
Perceção da comunidade	0.9116	2	0.436
Ameaças	27.73	2	1.281E-7
Mchelelo West e Shakababo	87.71	1	2.09E-7
Shakababo e Mambo Sasa	37.98	1	2.464E-5
Mchelelo West e Mambo Sasa	2.1	1	0.169
Conservação	0.1791	2	0. 8403
Utilização sustentável	0.3421	2	0.717

Apêndice 7: Questionário

Importância cultural e ameaças à herpetofauna nas florestas do baixo rio Tana.

Número da folha...

Data da primeira entrevista ....

Entrevistador ....

Introdução:

1. Este estudo procura colocar-lhe questões sobre o significado cultural e as ameaças à herpetofauna.

2. Não há uma resposta certa ou errada e a sua resposta é confidencial

3. As informações solicitadas são puramente académicas, sem valor comercial

Dados de localidade

DistritoFragmento .... florestalAldeia.....................

Coordenadas GPS ....

Entrevistado

i.   Nome

....

ii. Data de nascimento/idade..

iii. Sexo

....

iv. Estado civil ....

v.   Nível de educação..

vi. Profissão ....

vii. Outros (especificar) ....

Exploração e utilização da herpetofauna

i. Que espécies utiliza? Nomeá-las ....

ii. a) Com que objetivo (comercial, de subsistência, recreativo, cultural, etc.)?

Outros, especificar) ....

b)   Que métodos e equipamentos ou ferramentas utiliza para captar ....

iii. Tem conhecimento de outras utilizações locais da herpetofauna? Sim/Não

Em caso afirmativo (especificar) ....

Utilização	EspécieObservações
Alimentação	
Medicinal	

Utilizações tradicionais

Outros (especificar)

Habitats herpetofaunais

Onde é habitual encontrar anfíbios e répteis?

a) Florestas ....

b) Zonas húmidas (incluindo rios, pântanos, lagos, etc.) ....

c) Bush aterra..

d) Outros (especificar) ....

(Em cada caso, especificar a espécie)

Interacções herpetofauna

Já interagiu pessoalmente com a herpetofauna? Sim/Não.

i)   De que tipo?..

ii) Quando é que o viu? ....

iii) Estação (seca ou húmida)? ....

iv) Idade (juvenil/adulto)? ....

v)   Hora do dia ....

vi) Localização..

vii) Atividade nesse momento (por exemplo, alimentação, aquecer) ....

Como é que vê as herpetofaunas? especialmente;

🗲 Serpentes ....

🗲 Camaleões ....

~ Anfíbios..

Entre os três, qual deles toleraria? ....

Quais são os mitos que a sua comunidade tem sobre

~ Serpentes ....

~ Camaleões ....

~ Anfíbios..

Conflitos homem-herpetofauna

i) De quantas interacções tem conhecimento?...

ii) Descreva brevemente os tipos de interacções de que tem conhecimento por tipo de observação

....

    iii)   As interacções de que tem conhecimento pessoal conduziram a danos, ferimentos pessoais ou morte causados pela herpetofauna? Sim/Não

Que herpertofauna estava envolvida? ....

Onde?

Como?...

Quando?

....

E quanto aos danos?...

iv) Tem conhecimento das mordeduras de cobras? Sim/Não

Em caso afirmativo, especificar a serpente envolvida ....

v) Qual a frequência das mordeduras de cobra?...

Ameaças

As interacções de que tenho conhecimento que conduziram à mortalidade de anfíbios ou répteis são:-

....

De entre as seguintes actividades, quais as que considera mais ameaçadoras para os anfíbios e répteis?

(Factores de alteração do habitat)

Desflorestação ....

Erosão dos solos ....

Incêndio

....

Sobrepastoreio ....

Poluição - agricultura ....

Colheita excessiva de produtos ....

Elevado número de animais ....

Extração excessiva de água, por exemplo, para irrigação ....

Recuperação de florestas para a agricultura ....

Pressão da população humana ....

Comércio ....

....

Outros (especificar)...

No caso da agricultura, como é que se prepara o campo? ....

Tem conhecimento de que algumas herpetofaunas estão ameaçadas devido às actividades acima

mencionadas? Sim /Não.

(Se sim) qual?..

Tem conhecimento de modificações que, na sua opinião, tornariam determinadas actividades mais seguras para a herpetofauna? ....

Alterações climáticas

Há inundações Sim/Não

Em caso afirmativo, com que frequência? ....

Conservação e utilização sustentável

i.   Se o governo lhe der direitos de utilização da vida selvagem, que espécies pretende

atingir? ....

ii. Porquê? ....

Comunidade em torno do local de amostragem

Nome da comunidade...

Printed by Books on Demand GmbH, Norderstedt / Germany